Pierre Laffaille

Lasers à cascade quantique à base d'InAs

Pierre Laffaille

Lasers à cascade quantique à base d'InAs

Presses Académiques Francophones

Impressum / Mentions légales
Bibliografische Information der Deutschen Nationalbibliothek: Die Deutsche Nationalbibliothek verzeichnet diese Publikation in der Deutschen Nationalbibliografie; detaillierte bibliografische Daten sind im Internet über http://dnb.d-nb.de abrufbar.
Alle in diesem Buch genannten Marken und Produktnamen unterliegen warenzeichen-, marken- oder patentrechtlichem Schutz bzw. sind Warenzeichen oder eingetragene Warenzeichen der jeweiligen Inhaber. Die Wiedergabe von Marken, Produktnamen, Gebrauchsnamen, Handelsnamen, Warenbezeichnungen u.s.w. in diesem Werk berechtigt auch ohne besondere Kennzeichnung nicht zu der Annahme, dass solche Namen im Sinne der Warenzeichen- und Markenschutzgesetzgebung als frei zu betrachten wären und daher von jedermann benutzt werden dürften.

Information bibliographique publiée par la Deutsche Nationalbibliothek: La Deutsche Nationalbibliothek inscrit cette publication à la Deutsche Nationalbibliografie; des données bibliographiques détaillées sont disponibles sur internet à l'adresse http://dnb.d-nb.de.
Toutes marques et noms de produits mentionnés dans ce livre demeurent sous la protection des marques, des marques déposées et des brevets, et sont des marques ou des marques déposées de leurs détenteurs respectifs. L'utilisation des marques, noms de produits, noms communs, noms commerciaux, descriptions de produits, etc, même sans qu'ils soient mentionnés de façon particulière dans ce livre ne signifie en aucune façon que ces noms peuvent être utilisés sans restriction à l'égard de la législation pour la protection des marques et des marques déposées et pourraient donc être utilisés par quiconque.

Coverbild / Photo de couverture: www.ingimage.com

Verlag / Editeur:
Presses Académiques Francophones
ist ein Imprint der / est une marque déposée de
OmniScriptum GmbH & Co. KG
Heinrich-Böcking-Str. 6-8, 66121 Saarbrücken, Deutschland / Allemagne
Email: info@presses-academiques.com

Herstellung: siehe letzte Seite /
Impression: voir la dernière page
ISBN: 978-3-8381-7292-7

Zugl. / Agréé par: Montpellier, Université Montpellier 2, 2013

Copyright / Droit d'auteur © 2014 OmniScriptum GmbH & Co. KG
Alle Rechte vorbehalten. / Tous droits réservés. Saarbrücken 2014

A mes filles,

Remerciements

Remerciements

Et voici venu le temps des remerciements. Mes sentiments sont ambigus. La joie d'abord, de se remémorer tous les moments heureux partagés avec les personnes que j'ai rencontrées lors de ces trois merveilleuses années. La tristesse ensuite, car lors de la rédaction de ces dernières lignes, je réalise que cette si belle histoire touche à son terme.

La première personne que je tiens à remercier est Roland Teissier, mon directeur de thèse. Roland est un homme extrêmement brillant. Son don le plus remarquable est cependant sa gentillesse à toute épreuve. Je lui serai à jamais reconnaissant pour tout ce qu'il m'a appris, tant d'un point de vue scientifique que sur le plan humain.

Si on me demandait à quel chercheur je souhaiterai ressembler plus tard, je répondrai sans hésiter Alexeï Baranov, mon co-encadrant. Cet homme n'a eu de cesse de forcer mon admiration. Je me souviendrai toujours de son sens scientifique hors du commun et de sa bonne humeur si communicative. Désolé Alex, je sais que tu n'es pas un adepte des compliments mais je ne pouvais en dire moins.

Un homme se construit au gré de ses rencontres. Quelle chance inouïe j'ai eue! La providence a placé ces deux hommes sur ma route.

Je ne remercierai jamais assez Eric Tournié de m'avoir permis d'intégrer son équipe et de vivre cette belle aventure. Quand je suis entré dans son bureau pour la première fois, il avait toutes les raisons d'être sceptique sur le bien-fondé de ma candidature. En effet, plus de trois années s'étaient écoulées depuis mes études d'ingénieur et elles n'avaient pas été dédiées à la physique. Tu m'as néanmoins accordé ta confiance et grâce à toi je suis à nouveau engagé sur les chemins de la science et peux continuer à bâtir mon rêve d'enfance.

Je remercie aussi les membres de mon jury haut de gamme, à commencer par mes rapporteurs, Carlo Sirtori et Olivier Gauthier-Lafaye, mon président du jury et directeur de notre laboratoire l'IES, Alain Foucaran, et mes examinateurs, Abderrahim Ramdane et Sukhdeep Dhillon.

L'équipe Nanomir doit beaucoup à ses permanents qui, en plus d'y apporter leurs compétences, la font vivre en y dissipant une ambiance chaleureuse. Ces petits moments du quotidien qui rendent heureux vont me manquer. Boire un café avec les frères siamois Rodrigo et Lolo. Entendre du fond du couloir le grand rire contagieux de Philippe, accompagné de celui un peu moins sonore de JPP (le rire de Philippe peut être audible dans toute la fac). Aller plaisanter dans le bureau d'Aurore, Thierry et Michaël (je ne veux pas te mettre la pression mais Laëtitia a choisi un appartement avec 4 chambres et tu n'as qu'un seul bureau). Profiter de la vision haute en couleurs du monde de Vouvoune, si on ne la partage pas toujours, on profite certainement de son humour. Eluder des heures durant les mystères de l'optique laser avec Arnaud. Discuter techno avec le maître en la matière, Pierre, et son héritier et meilleur DJ reggae de France et de Navarre Greg. Parler de la pluie et du beau temps avec le chef étoilé Jean-Marc, la bienveillante Anne et les très sympathiques Guilhem et Fernando. Merci à vous tous pour ces instants si chers.

Merci aussi à mes frères et sœurs doctorants et post docs. A commencer par mes camarades de bureau, Rachidou, le king du business, les InSboys Johan et Axel (qui n'a jamais effectué de sortie nocturne avec Johan et Axel ne connaît pas vraiment le sens du mot inattendu). Les autres, Cyril et sa générosité légendaire, l'homme aux 1001 publis JCMO, mon frère de QCLs Guillaume, le petit prince de la techno Dorian, le chat noir devenu blanc JR, Justin le corrézien, la ptite Vilianne, l'idole des femmes Mathieu, les 3 Mohamed, le petit, le moyen et le grand, Attia, Souad, l'adorable Hoang, 3.3 Sofiane, mon cousin par alliance au troisième degré Alban, Carine, Tong, le contrebassiste romantique Quentin et les petits nouveaux Andrea, Baptiste et Myriam.

Et enfin, merci à tous mes amis qui m'ont soutenu durant cette thèse et à ma très chère famille, mes parents, Marc, Fanny et surtout Raluca, ma merveilleuse femme que j'aime tant, et mes si adorables Mathilde et Marie à qui cet ouvrage est dédié. Mes plus grandes réussites, ce sont vous mes filles.

Table des matières

Introduction 11
Chapitre I : Présentation générale 13
    I.1) Le moyen infrarouge 13
    I.2) Les lasers à semiconducteur dans la gamme spectrale du moyen infrarouge 15
    I.3) Principe de fonctionnement d'un laser à cascade quantique 16
    I.4) Le système de matériaux InAs/AlSb 18
    I.5) Croissance par épitaxie par jets moléculaires 20
    I.6) Réalisation technologique des composants : la « technologie standard » 22
    I.7) Principales caractéristiques des composants lasers et leurs techniques de mesure 24
        I.7.1) Dispositif de mesures des QCLs 24
        I.7.2) Caractéristiques à mesure directe 26
        I.7.3) Le gain modal et les pertes du guide d'onde 27
        I.7.4) La température caractéristique T_0 28
        I.7.5) La résistance thermique 28
    I.8) Présentation de l'objet de la thèse 29
Chapitre II : Modélisation de la zone active d'un laser à cascade quantique 31
    II.1) Calcul des états quantiques d'une structure laser à cascade quantique 31
        II.1.1) Approximation de la masse effective 31
        II.1.2) Résolution Schrödinger-Poisson 34
    II.2) Modèle de transport électronique 35
        II.2.1) Calcul des temps de vie 35
        II.2.2) Effet tunnel résonant 37
        II.2.3) Equations bilan 38
        II.2.4) Calcul du gain 40
    II.3) Mesure expérimentale de la tension par période 41

II.4) Analyse des simulations (exemple de la structure D385 à λ=3,3μm) 44
    II.4.1) Comparaison des simulations avec les données expérimentales 44
    II.4.2) Analyse des simulations à température ambiante de la structure D385 46
    II.4.3) Modélisation de la distribution des porteurs dans les sous-bandes 53
    II.4.5) Amélioration du design de zone active 57
II.5) Validation du modèle sur une grande gamme de longueurs d'onde 61
II.6) Conclusion 64

Chapitre III : Lasers à cascade quantique à contre réaction répartie 65
III.1) Introduction 65
III.2) Le laser à contre réaction répartie 65
    III.2.1) Principe de fonctionnement 65
    III.2.2) Le réseau DFB de surface métallique 68
    III.2.3) Les autres configurations de laser DFB 69
III.3) Modélisations optiques des QCLs DFB 71
    III.3.1) Description du fonctionnement des simulations optiques 71
    III.3.2) Résultats des simulations 73
III.4) Réalisation technologique de lasers à cascade quantique à contre réaction répartie 75
    III.4.1) Amincissement du cladding 75
    III.4.2) Lithographie holographique du réseau de Bragg 75
    III.4.3) Gravure du réseau de Bragg 78
III.5) Résultats expérimentaux 82
    III.5.1) Ajustement du pas du réseau 82
    III.5.2) Laser à cascade quantique monofréquence à λ=3,3 μm à température ambiante 83
    III.5.3) Etude des modes latéraux 85
    III.5.4) Effet de l'épaisseur du cladding supérieur 89
    III.5.5) Laser à cascade quantique monofréquence de hautes performances 90
    III.5.6) Etude de l'autoéchauffement 92
III.6) Conclusion 96

Chapitre IV : Lasers à cascade quantique alimentés en régime continu 97
IV.1) Analyse de l'impact du régime continu sur les caractéristiques du laser 97
    IV.1.1) Le courant de seuil en régime continu 97
    IV.1.2) Le rollover thermique en régime continu 101
IV.2) Modélisations thermiques 103
    IV.2.1) Présentation du modèle 103

IV.2.2) Résultats des simulations pour une technologie standard 105

IV.2.3) Isolation diélectrique et or épais 107

IV.3) Caractéristiques en régime pulsé de la structure D628 à λ=9,3 μm 108

IV.4) Rubans étroits 109

IV.4.1) Etude des courants de fuite 109

IV.4.2) Pertes optiques des isolants 111

IV.4.3) Impact sur les lasers étroits 113

IV.5) Etude expérimentale en régime continu de la technologie standard 115

IV.5.1) Résultat de la technologie standard 115

IV.5.2) Montage tête-en-bas des lasers sur l'embase 116

IV.5.3) Réduction du nombre de périodes de zone active 117

IV.6) Evolution de la technologie des QCLs pour le fonctionnement en régime continu 121

IV.6.1) Etude expérimentale d'une technologie avec isolation Si_3N_4 et dépôt d'or épais 121

IV.6.2) Isolation mixte résine polymérisée et Si_3N_4 124

IV.6.3) Isolation air 126

IV.6.4) Miroir haute réflectivité 127

IV.6.5) Optimum de géométrie 129

IV.7) Conclusion 131

Chapitre V : Lasers à cascade quantique épitaxiés sur substrat GaSb 133

V.1) Le cladding AlGaAsSb 134

V.1.1) Propriétés optiques 134

V.1.2) Propriétés thermiques 135

V.1.3) Propriétés électriques 136

V.2) Réalisation technologique 139

V.2.1) La gravure au $C_6H_8O_7$: H_2O_2 : H_2O : HF 139

V.2.2) La gravure par trois attaques chimiques 140

V.2.3) Comparaison expérimentale des deux techniques de gravure 141

V.3) La configuration PnP 142

V.3.1) Structure de l'échantillon D655 142

V.3.2) Réalisation expérimentale 144

V.3.3) Effet du dopage des claddings 148

V.3.4) La structure D663 à 3,3 μm 150

V.4) La configuration PnN 151

V.4.1) Structure de l'échantillon D665 151

  V.4.2) Réalisation expérimentale 152

 V.5) Conclusion.. 156

Conclusion générale 157

Bibliographie.. 159

Résumé 168

Introduction

Ce travail de thèse a été réalisé au sein du laboratoire IES (l'Institut d'Electronique du Sud) dans l'équipe NANOMIR (NANOstructures pour le Moyen InfraRouge) spécialisée dans la conception de composants optoélectroniques à base d'antimoniures émettant ou détectant dans le domaine spectral de l'infrarouge. Un des axes de recherche de cette équipe, sur lequel se situe ce travail de thèse, est l'étude des lasers à cascade quantique (QCLs) réalisés sur le système de matériaux InAs/AlSb, dont l'application principalement visée est la fourniture de sources lasers pour la spectroscopie de gaz par absorption moléculaire. Ce manuscrit s'articule en cinq chapitres. Si les QCLs sur InAs/AlSb sont le fil conducteur de ce manuscrit, les quatre derniers chapitres traitent d'aspects très différents de ce sujet.

Le premier chapitre pose en premier lieu le contexte dans lequel s'inscrit ce travail, tant quant aux applications visées que sur l'état de l'art. Il tend ensuite à introduire les notions nécessaires à la compréhension de ce manuscrit, le principe de fonctionnement d'un laser à cascade quantique, les spécificités du système de matériaux sur lequel il est conçu, sa fabrication et le protocole expérimental mis en œuvre pour l'étudier.

Le deuxième chapitre est à double usage. Il décrit parallèlement le modèle de transport électronique réalisé lors de cette thèse et la physique du QCL sur laquelle il est fondé. Les principales caractéristiques de la zone active du composant sont décrites par l'exemple, en s'appuyant sur l'analyse de simulations réalisées sur un laser de référence. Et les spécificités du design en fonction de la longueur d'onde d'émission seront explorées.

L'étude des lasers monofréquences est l'objet du troisième chapitre. Le principe du laser à contre réaction répartie comme le développement des simulations optiques et de la technologie mises en œuvre pour sa réalisation y sont détaillés. Il s'achève par des caractérisations expérimentales qui intègrent des analyses basées sur l'étude des champs lointains et des spectres résolus en temps des QCLs DFB.

Le quatrième chapitre est consacré au fonctionnement en régime continu des lasers à cascade quantique. Il expose les moyens technologiques classiques et d'autres plus innovants expérimentés pour dissiper la chaleur. Un modèle de simulations original des effets du courant continu sur les performances y est présenté.

Le cinquième et dernier chapitre fait la démonstration des premiers QCLs épitaxiés sur substrats GaSb. Ces QCLs utilisent un guide d'onde d'AlGaAsSb prometteur en termes de performances mais qui complique considérablement la circulation du courant dans la structure. Ce chapitre décrit les solutions novatrices mises en œuvre pour contourner cet obstacle et l'analyse des premiers résultats.

Chapitre I : Présentation générale

Dans, ce chapitre nous allons réaliser un tour d'horizon des applications visées par ce travail de thèse et des différents lasers à semiconducteur dans la gamme de longueur d'onde du moyen infrarouge. Nous décrirons le principe de fonctionnement d'un laser à cascade quantique, le système de matériaux InAs/AlSb que nous utilisons pour les réaliser et comment nous les réalisons. Nous aborderons enfin les principales caractéristiques de ce type de composant et leurs techniques de mesures.

Le profane ne sera peut-être pas très à l'aise avec toutes les notions abordées brièvement dans ce chapitre. Le voile sera levé sur ces notions quand nous irons plus avant dans les détails, lors des chapitres suivants.

I.1) Le moyen infrarouge

Si les domaines spectraux du visible et du proche infrarouge disposent de beaucoup de sources lasers commercialisées, on ne peut en dire autant de celui du moyen infrarouge (MIR). Cette gamme de longueurs d'onde, comprise en 2 et 10 µm, suscite cependant un vif intérêt.

Le moyen infrarouge est composé de plusieurs fenêtres de transparence atmosphérique (I, II et III sur la figure I.1) dans lesquelles l'eau et le CO_2 n'absorbent presque pas. Ces fenêtres de transmissions sont attractives pour de multiples applications telles que les télécommunications atmosphériques, la détection à distance de substances chimiques ou les contre-mesures optiques (figure I.2).

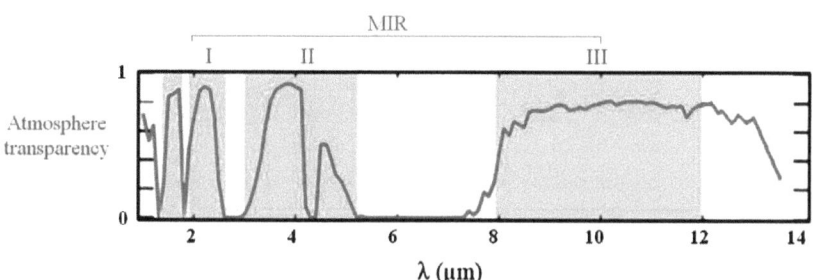

FIGURE I.1 - Transparence de l'atmosphère en fonction de la longueur d'onde dans le moyen infrarouge à la pression atmosphérique sur une distance de 2 km.

FIGURE I.2 - Schéma du fonctionnement de la contre-mesure optique : a) Le missile est guidé par la chaleur des moteurs de l'avion – b) Le laser aveugle le détecteur thermique du missile qui est dérouté de sa trajectoire.

De plus, de nombreuses raies d'absorption intenses de gaz polluants tels que le CH_4, le CO ou le NH_3 sont présentes dans cette gamme spectrale (figure I.3). A l'heure où l'augmentation exponentielle de la pollution atmosphérique pousse l'humanité à s'inquiéter sur son avenir, la demande de sources lasers pour la spectroscopie d'absorption des gaz polluants est en pleine croissance.

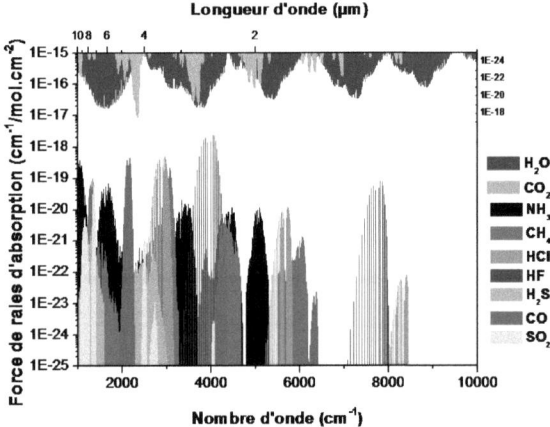

FIGURE I.3 - Force et longueur d'onde de raies d'absorptions de divers gaz dans le moyen infrarouge [Vicet, 2002].

Les lasers fonctionnant dans le moyen infrarouge les plus répandus et les plus anciens sont les lasers CO_2. Ils fonctionnent en régime continu et fournissent une puissance d'environ une centaine de watts [Patel, 1967]. Cependant ces lasers n'émettent qu'entre 9,2 et 10,8 µm de longueur d'onde, ce qui limite leurs applications, et sont très encombrants.

Les oscillateurs paramétriques optiques (OPO), qui sont des milieux optiques non linéaires pompés par un laser, sont très accordables et couvrent une large gamme de longueurs d'onde [Wu, 2001]. Ils sont en revanche peu robustes aux vibrations mécaniques et nécessite un laser pompe puissant.

Les lasers à semiconducteur sont depuis longtemps utilisés comme sources infrarouges [Phelan, 1963]. Ils présentent l'intérêt d'être de petites dimensions, d'être fiables et de délivrer une puissance lumineuse relativement importante.

I.2) Les lasers à semiconducteur dans la gamme spectrale du moyen infrarouge

Il existe plusieurs types de lasers à semiconducteur émettant dans la gamme lumineuse de l'infrarouge.

Les plus courants sont les lasers à puits quantiques pour lesquels l'émission radiative a lieu lors de la recombinaison des électrons de la bande de conduction avec les trous de la bande de valence.

Ils se déclinent en trois catégories, les lasers à puits quantiques de type I [Dion, 1996], pour lesquels les électrons et les trous sont confinés dans le même matériau, et ceux de type II [Baranov, 1988] et III [Baranov, 1997], pour lesquels un seul type de porteur est confiné (figure I.4). L'avantage principal des lasers de type I tient dans le fort facteur de recouvrement entre les fonctions d'ondes des électrons et celles des trous, proche de l'unité. Le gain du laser est fortement lié à ce facteur. Les lasers de type II et III ont quant à eux l'avantage de posséder des gaps effectifs inférieurs à ceux des matériaux les constituant, et ont donc la possibilité d'émettre à de plus grandes longueurs d'ondes.

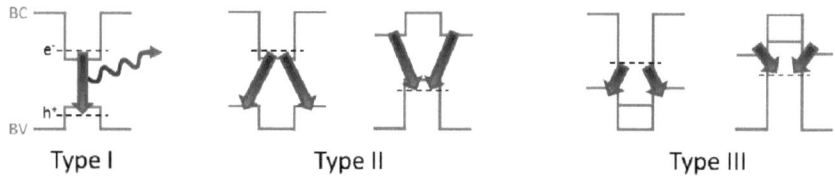

FIGURE I.4 - Diagrammes de bande des lasers à puits quantiques de type I, II et III.

Les lasers à cascade interbande (ICL pour Interband Cascade Laser) ont connu une amélioration impressionnante de leurs performances ces dernières années [Bewley, 2012]. Dans ces lasers, les porteurs sont recyclés pour réaliser des transitions radiatives dans plusieurs puits quantiques en « cascade » (figure I.5). Ces lasers présentent l'avantage d'avoir plus de gain et de fournir d'avantage de puissance optique, mais nécessitent une plus grande tension de fonctionnement. Ces lasers peuvent fonctionner avec des puits de type I [Shterengas, 2013] mais utilisent en général des puits de type II en « W » [Meyer, 1995] [Vurgaftman, 2011].

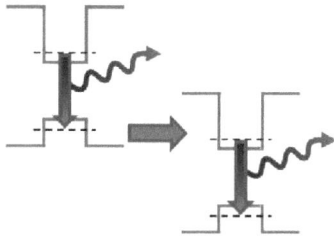

FIGURE I.5 - Schéma du fonctionnement d'un laser à cascade interbande.

Ces lasers émettent en général par la tranche et sont composés d'un milieu à gain, la zone active où se produisent les transitions radiatives, de claddings, qui grâce à leur faible indice de réfraction vont permettre de confiner verticalement la lumière dans la zone active, et parfois de spacers, qui sont intercalés entre la zone active et les claddings pour limiter les pertes optiques qu'ils peuvent engendrer (figure I.6). La cavité optique est définie par gravure latérale et par les miroirs semi-transparents formés par les facettes clivées.

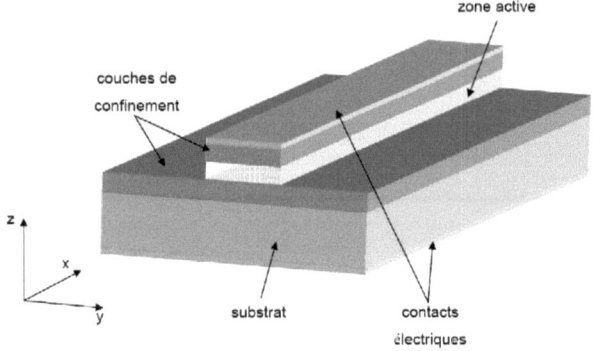

FIGURE I.6 - Schéma d'un laser à semiconducteur à émission par la tranche.

I.3) Principe de fonctionnement d'un laser à cascade quantique

Le concept du laser à cascade quantique (QCL pour « Quantum Cascade Laser ») a été pensé pour la première fois en 1971 par Kazarinov et Suris [Kazarinov, 1971]. Sa première réalisation n'a eu lieu que 23 ans plus tard, en 1994, elle est l'œuvre de Jérôme Faist et al. aux laboratoires Bell Labs [Faist, 1994]. Les principales particularités de ce type de laser sont son unipolarité et le schéma en cascade de sa structure.

Son unipolarité tient de ses transitions optiques qui ne font intervenir qu'un seul type de porteurs, les électrons (figure I.7). Ces transitions n'ont pas lieu entre la bande de conduction et celle de valence mais à l'intérieur d'une même bande, celle de conduction, on parle alors de transitions intrabandes ou intersousbandes.

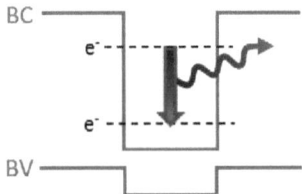

FIGURE I.7 - Schéma représentant une transition intersousbande.

La longueur d'onde d'émission des QCLs ne dépend alors pas des gaps des matériaux les constituant mais des épaisseurs des puits et des barrières de sa zone active, grâce auxquelles il est possible de jouer sur le confinement des électrons dans les puits et donc sur la position de leurs niveaux d'énergie.

Le temps de vie très court des transitions intersousbandes rend ces lasers presque insensibles à l'effet Auger, ce qui constitue un avantage important car leurs performances sont nettement moins dégradées lors de la montée en température que celles des lasers interbandes. Leur gain, dépendant de l'inversion de population et donc des temps de vie, est néanmoins affecté par ces durées de vies courtes.

Le schéma en cascade (figure I.8) permet, comme pour les ICLs, un recyclage des électrons d'une période de zone active à l'autre. Un électron pourra alors émettre autant de photons qu'il y a de périodes de zone active.

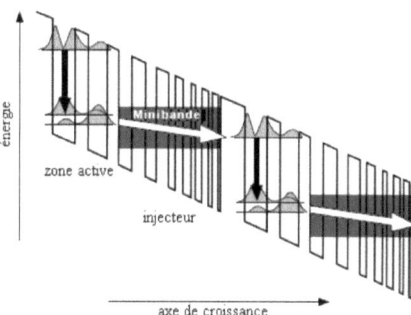

FIGURE I.8 - Diagramme de bande schématisé de deux périodes de zone active d'un QCL.

Une période est composée de quelques puits actifs, où la transition radiative a lieu entre un niveau haut et un niveau bas, et d'un injecteur. L'injecteur est un superréseau de puits et de barrières, dans lequel le resserrement progressif des puits va progressivement confiner les électrons et relever l'énergie de leurs niveaux. Sous l'effet de l'application d'un champ électrique, ces niveaux s'alignent pour former une minibande électronique qui va dépeupler le niveau bas de la transition et assurer le transport du courant jusqu'au niveau haut de la transition radiative de la période de zone active suivante. Les électrons sont injectés dans ce niveau par effet tunnel résonant à travers une barrière épaisse, la barrière d'injection.

Une autre particularité des QCLs est leur émission à polarisation transverse magnétique. Celle-ci est liée au caractère intersousbande de la transition radiative, les fonctions de Bloch des deux niveaux de la transition sont alors identiques et leur moment dipolaire est, étant donné l'invariance cristalline dans le plan des couches, orienté suivant l'axe de croissance.

I.4) Le système de matériaux InAs/AlSb

Les QCLs sont développés sur plusieurs filières de matériaux.

La filière GaAs est la plus présente dans le domaine du térahertz en pleine expansion, avec un record de température maximum de fonctionnement à 200 K à la fréquence de 3,6 THz en régime pulsé [Fathololoumi, 2012].

Dans le moyen infrarouge, entre 3,5 et 10 µm de longueur d'onde, c'est la filière InP qui est la plus prolifique. Sur ce matériau, les QCLs fonctionnent en régime continu à température ambiante et délivrent des puissances jusqu'à plus de 5 watts [Bai, 2010a] [Bai, 2010b].

Le système de matériaux InAs/AlSb est, en vertu de ses propriétés, bien adapté pour les QCLs de courtes longueurs d'onde, en dessous de 4 µm.

C'est sur ce système que se situe ce travail thèse. Il est la continuation d'une dizaine de d'années de recherches à l'IES, qui ont hissé le système InAs/AlSb à l'état de l'art mondial pour les QCLs de courtes longueurs d'onde.

Dans le tableau de la figure I.9, nous avons répertorié des paramètres des principaux systèmes de matériaux utilisés dans les QCLs, tels que la discontinuité des bandes de conduction, l'écart entre la vallée Γ et la seconde vallée de plus basse énergie des puits et la masse effective des électrons dans les puits.

Matériaux Puits/Barrières	Substrat	Δ_Γ (eV)	$\Delta_{\Gamma-X,L}$ (eV)	$m^*(m_0)$
GaAs/AlGaAs	GaAs	0,35	0,35	0,067
InGaAs/AlInAs	InP	0,5	0,53	0,043
InGaAs/AlInAs sous contrainte	InP	0,74	0,61	0,035
InGaAs/AlAsSb	InP	1,6	0,5	0,043
InAs/AlSb	InAs	2,1	0,73	0,023

FIGURE I.9 - Tableau récapitulatif de paramètres de bande des principaux systèmes de matériaux utilisés pour réaliser des QCLs.

Nous constatons, au regard de sa discontinuité de bande de conduction et de l'écart en énergie entre sa vallée Γ et sa seconde vallée la moins haute en énergie, la vallée L, que le système InAs/AlSb est le plus adapté à la réalisation de QCLs de courtes longueurs d'onde [Cathabard, 2009a] [Devenson, 2007a].

Par ailleurs la masse effective dans ses puits d'InAs est la plus faible, ce qui permet de réaliser des QCLs de fort gain sur InAs/AlSb [Benveniste, 2008]. C'est également un atout pour développer des QCLs de très grandes longueurs d'onde, comme nous le verrons dans ce manuscrit.

Ce système de matériaux ne présente cependant pas que des avantages. Sa forte discontinuité de bande de conduction contraint à réaliser des barrières d'épaisseur très fines de l'ordre de quelques plans atomiques, ce qui nécessite une grande maîtrise en termes d'épitaxie. Cette discontinuité est aussi le vecteur d'une plus grande diffusion par rugosité d'interface [Khurgin, 2009]. Sa faible masse effective lui alloue des temps de vie de diffusion par phonons plus important, ce qui est bon pour son gain mais néfaste pour le transport électronique qui dépend du temps de relaxation des électrons jusqu'au niveau bas de l'injecteur. De plus, il n'est pas possible sur le substrat d'InAs de faire croître, comme sur InP, des couches de confinement optique qui soient à la fois, pourvoyeuses d'un fort contraste d'indice de réfraction avec la zone active, sans pour autant augmenter les pertes optiques ou dégrader la conduction thermique.

Concrètement, un QCL est constitué d'une zone active de plusieurs dizaines de périodes comportant chacune une vingtaine de couches d'épaisseur nanométrique. Cette zone active est insérée au cœur d'un guide d'onde (figure I.6).

Le diagramme de bande de deux périodes de zone active émettant à 3,3 µm de longueur d'onde sur le système InAs/AlSb est présenté sur la figure I.10.

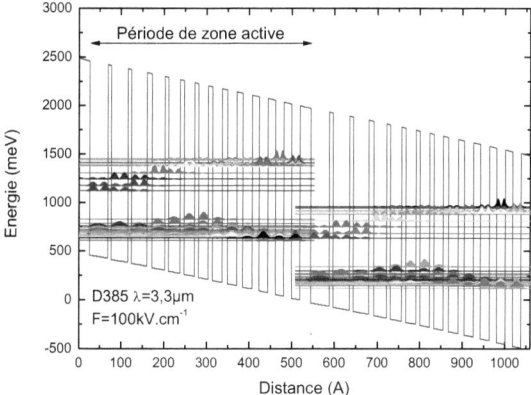

FIGURE I.10 - *Diagramme de bande de deux périodes de zone active émettant à 3,3 µm sur le système de matériaux InAs/AlSb.*

Pour entrer en régime d'émission stimulée au plus faible courant injecté possible, le mode optique de la cavité doit avoir le moins de pertes possibles et le plus grand facteur de recouvrement possible avec la zone active. Ce facteur correspond à la proportion de l'intensité lumineuse du mode dans la zone active. Il va dépendre des dimensions (relatives à la longueur d'onde) de la zone active et de son contraste d'indice de réfraction avec les couches de confinement.

La composition des couches de confinement des structures que nous réalisons dépend de la longueur d'onde d'émission des QCLs (figure I.11).

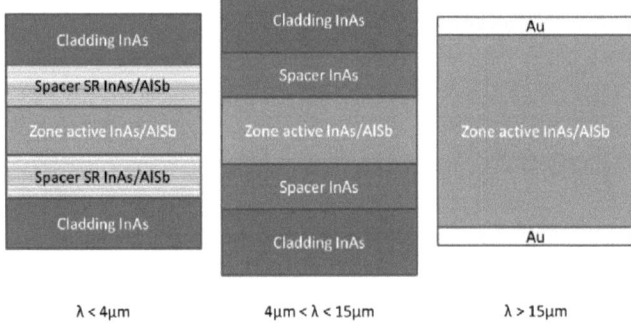

FIGURE I.11 - Schémas de guides d'onde de structures QCLs épitaxiées sur InAs pour différentes longueurs d'onde.

En dessous de 4 µm de longueur d'onde, les couches de confinement sont composées de claddings d'InAs fortement dopés avec du silicium, qui ont un faible indice de réfraction mais de fortes pertes, et de spacers à superréseaux typiquement constitués d'un empilement périodique de 20 Å d'InAs et 20 Å d'AlSb sur 1 µm d'épaisseur. Ce type de spacer a des pertes optiques faibles, même à courte longueur d'onde [Devenson, 2007b].

Entre 4 et 15 µm de longueur d'onde, les spacers sont comme les claddings en InAs mais, contrairement à eux, très peu dopés.

Au-dessus de 15 µm, des couches d'or sont utilisées pour confiner le mode optique [Sirtori, 1998a] [Williams, 2003].

I.5) Croissance par épitaxie par jets moléculaires

La première étape de fabrication des lasers à cascade quantique est la croissance des structures par épitaxie par jets moléculaires (EJM).

L'épitaxie par jets moléculaires consiste faire croître des matériaux sur un substrat qui va servir de germe de croissance. Les matériaux sont composés d'éléments III et V contenus au préalable dans des creusets contrôlés en température et séparés de la chambre de croissance par des caches. Sous l'effet des températures auxquelles ils sont soumis dans ces creusets, ils vont s'évaporer, ou se sublimer, et se propager sans collision dans l'enceinte sous ultravide de la chambre de croissance jusqu'à la surface du substrat sur laquelle ils vont se condenser en phase cristalline. Le substrat est contrôlé en température pour permettre le déplacement et le réarrangement des atomes à sa surface. Les séquences d'ouverture des caches et les températures du substrat et des creusets vont déterminer la composition des matériaux déposés, leurs dopages et leurs vitesses de croissance.

L'EJM permet d'obtenir des matériaux de grande pureté et des couches d'épaisseurs très fines, jusqu'à être inférieures à la monocouche atomique.

Une photographie du bâti Riber Compact 21E utilisé pour la croissance des structures QCL dans notre laboratoire est présentée sur la figure I.12. Il est constitué de cinq cellules à effusion pour les éléments III, aluminium, gallium et indium, de deux cellules à vanne pour les éléments V, antimoine et arsenic et de trois cellules à effusion de dopants, tellure, béryllium et silicium. Il est équipé d'un RHEED (Reflection High Energy Electron Diffraction) qui permet de vérifier la désoxydation du substrat et de contrôler en temps réel les vitesses de croissance.

FIGURE I.12 - Photographie du bâti d'épitaxie par jets moléculaires utilisé pour la croissance des QCLs.

Après l'épitaxie, les structures sont soumises à une analyse DDX (Double Diffraction de rayons X), une technique de caractérisation non destructive qui permet d'obtenir des informations telles que le désaccord de maille moyen et la périodicité de la zone active et des spacers à superréseaux s'il y en a dans la structure (figure I.13). Nous pouvons, à partir de ces périodicités mesurées et des épaisseurs nominales des couches des périodes de la zone active et des spacers superréseaux, déterminer les épaisseurs réelles des couches d'InAs et d'AlSb en résolvant une simple équation à deux inconnues.

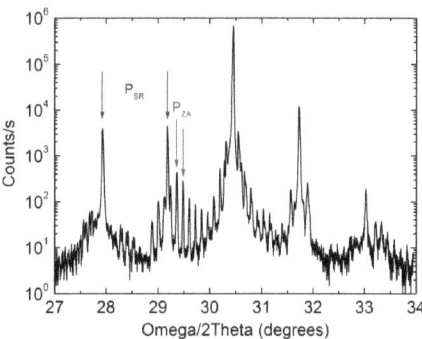

FIGURE I.13 - Diagramme de diffraction X d'une structure QCL InAs/AlSb ayant des spacers à superréseaux permettant de mesurer la période de zone active et la période des superréseaux.

I.6) Réalisation technologique des composants : la « technologie standard »

Une fois la structure QCL épitaxiée, elle est soumise à plusieurs étapes de traitement technologique avant d'aboutir à des composants lasers fonctionnels.

Je vais vous détailler dans cette partie les procédés de réalisation de la « technologie standard », notre technologie la plus reproductible, effectuée en premier lieu sur chacune des structures QCL, qui fera office de référence tout au long de ce manuscrit.

Les principales étapes de cette réalisation technologique sont schématisées sur la figure I.14. Elles sont en général effectuées sur un échantillon de 1 à 2 cm² de surface, clivé selon les axes cristallins des matériaux, sur le wafer de la structure.

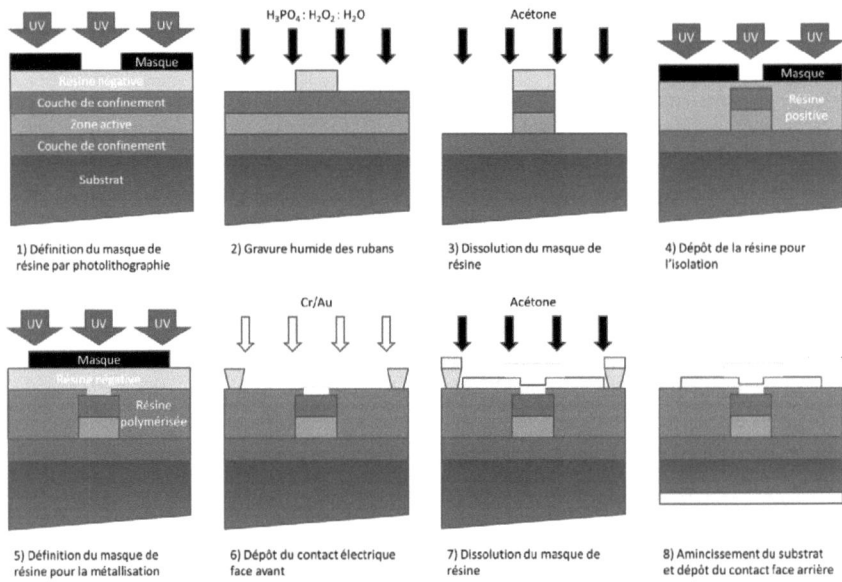

FIGURE I.14 - Schémas des principales étapes de la réalisation technologique standard d'un QCL.

Comme il est capital de préserver un échantillon propre lors de toute la fabrication, celui-ci doit être au préalable nettoyé. Si l'échantillon est tout juste sorti du bâti d'épitaxie, un rinçage à l'eau déionisée peut s'avérer suffisant. Si ce n'est pas le cas, il est préférable d'avoir recours à un bain de trichloréthylène, suivi d'un d'acétone, puis d'un d'alcool (éthanol ou isopropanol), chacun durant environ 5 minutes. L'échantillon est ensuite soumis à un plasma d'oxygène de 3 minutes qui va achever de le nettoyer et oxyder sa surface, ce qui permettra, combiné après à un recuit de 3 minutes sur une plaque chauffante à 130°C pour la déshumidifier, d'offrir une meilleur adhérence à la résine négative AZ2020 nlof déposée juste ensuite.

Cette résine est étalée sur l'échantillon par un spinner à 4000 tours par minute pendant 30 secondes. La résine est ensuite séchée sur une plaque chauffante pendant 1 minute à 110°C. L'échantillon est alors photolithographié, il est plaqué sous un masque lithographique de rubans puis est exposé à une source lumineuse ultraviolette de 365 nm de longueur d'onde pendant 2 secondes. La résine est après soumise à un recuit d'inversion d'une minute à 110°C et développée dans une solution d'AZ726 pendant 1 minute et 30 secondes.

Un masque de rubans de résine est ainsi défini et va être transféré sur la structure par gravure humide dans une solution de $H_3PO_4 : H_2O_2 : H_2O$ (2 : 1 : 2), qui grave de façon presque homogène l'InAs et l'AlSb à une vitesse d'environ 1,5 µm par minute à température ambiante. La durée de gravure varie selon la structure, elle est calculée de sorte que la zone active soit tout juste dépassée. Le masque de résine est ensuite retiré par immersion dans de l'acétone.

Les flancs de gravure sont ensuite isolés par dépôt d'une résine photosensible positive, AZ1518 ou AZ4533 selon la profondeur de gravure, ouverte par photolithographie sur le sommet des rubans et polymérisée par recuit dans un four à 200°C pendant 2 heures.

Le contact électrique de sa face avant est alors réalisé. Un masque de résine négative définissant des zones de clivage est déposé sur l'échantillon, la résine AZ2020 nlof est cette fois développée 2 minutes pour avoir des flancs plus rentrants. Sa surface est ensuite désoxydée en le plongeant 30 secondes dans une solution de $HCl : H_2O$ (1 : 5) avant que 20 nm de chrome et 200 nm d'or y soient déposés dans un bâti d'évaporation. Un lift-off est alors réalisé dans de l'acétone.

Pour faciliter le clivage des rubans lasers, le substrat, d'une épaisseur initiale de 500 µm, est aminci par polissage mécanique d'au moins 300 µm et lissé chimiquement dans une solution de $CrO_3 : H_2O : HCl$ (1 : 3 : 4) pendant une minute, en agitant manuellement la solution pour avoir un lissage uniforme.

Pour finir, un contact électrique de 20 nm de chrome et 200 nm d'or est déposé par évaporation sur la face arrière de l'échantillon.

Nous pouvons observer sur la figure I.15 une photographie réalisée au microscope électronique à balayage (MEB) d'une facette d'un laser réalisé avec la technologie standard.

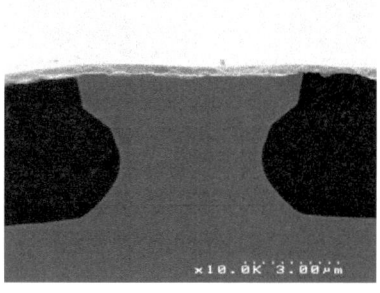

FIGURE I.15 - Photographie MEB d'une facette d'un QCL de 4,5 µm de large réalisé avec la technologie standard.

Une fois la réalisation technologique terminée, les QCLs sont clivés à une longueur typique de 3,6 mm. Le laser est ensuite soudé à l'indium sur une embase de cuivre plaquée d'or (figure I.16) qui fera office de contact positif ou négatif selon le sens du montage, ruban soudé tête-en-bas ou tête-en-haut. Le sommet du composant laser est alors relié avec un fil d'or à un contact électrique isolé de l'embase par une céramique.

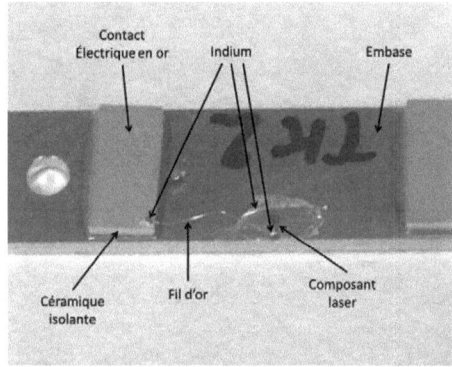

FIGURE I.16- Photographie d'un composant laser monté sur une embase.

I.7) Principales caractéristiques des composants lasers et leurs techniques de mesure

I.7.1) Dispositif de mesures des QCLs

Tous nos QCLs sont, au moins au préalable, testés en régime d'alimentation pulsé à de très faibles rapports cycliques de courant, typiquement de 0,1 % avec des impulsions d'une durée de 100 ns à une fréquence de 10 kHz, pour lesquels la puissance électrique injectée ne dégrade pas les caractéristiques du composant par échauffement.

Etant donné les forts courants de fonctionnement des QCLs, les alimenter avec des impulsions si courtes est loin d'être anodin.

Pour ce faire, nous avons recours au dispositif de mesures présenté sur la figure I.17.

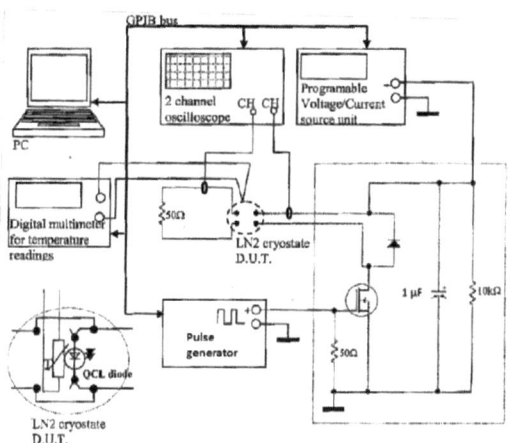

FIGURE I.17 - Schéma du dispositif expérimental de mesures électriques des QCLs.

Le fonctionnement de ce circuit de commutation électronique repose sur un transistor MOSFET de puissance situé au plus près du laser. Les impulsions courtes sont générées par un générateur d'impulsions rectangulaires programmable conventionnel. L'amplitude des impulsions est contrôlée par un générateur de courant/tension en continu programmable Agilent E3634A. Pour éviter d'alimenter en inverse le MOSFET ou le composant, une diode rapide est intégrée en parallèle de ce dernier. Le QCL est chargé sur son embase dans un cryostat régulé en température ou dans un cryostat à réservoir d'azote équipé d'une thermistance pour mesurer la température de l'embase. Le courant circulant dans le composant et la tension à ses bornes sont mesurés par des sondes inductives et un oscilloscope, pour la tension par le biais d'une résistance de 50 Ω en parallèle du composant.

Ce dispositif nous permet d'alimenter les composants avec des impulsions allant jusqu'à 20 ns de largeur, 20 % de rapport cyclique et 7 A de pic de courant.

Le rayonnement émis par le QCL est collecté par un jeu de miroirs paraboliques jusqu'à un spectromètre à transformée de Fourier (FTIR pour Fourier Transform InfraRed) Brucker Vertex 70 équipé de détecteurs DTGS, InSb et MCT. Pour l'analyse des QCLs émettant dans le lointain infrarouge, un bolomètre refroidi par hélium peut également être couplé au spectromètre.

Le FTIR nous permet de réaliser des spectres d'émission. Pour les mesures de spectres en mode step scan, la détection est synchronisée avec la fréquence de modulation du laser grâce à un amplificateur à détection synchrone intégré dans le circuit de mesure. Ceci permet d'augmenter considérablement le rapport signal sur bruit, ce qui est particulièrement utile pour les spectres d'émission spontanée.

Cet amplificateur à détection synchrone est également utilisé pour les mesures de puissance en fonction du courant. L'intensité du signal alors mesurée par les détecteurs peut être convertie en puissance optique grâce à des calibrations réalisées avec un puissance-mètre. Ce puissance-mètre nous sert aussi à collecter le signal pour les mesures de puissance en alimentation continue ou à fort rapport cyclique.

Les mesures de caractéristiques de tension en fonction du courant, les V(I), et de puissance optique en fonction du courant, les P(I), sont entièrement automatisées. Elles sont pilotées par un logiciel depuis un ordinateur.

I.7.2) Caractéristiques à mesure directe

Les performances d'un laser sont déterminées par un certain nombre de ses caractéristiques expérimentales.

Certaines se mesurent directement sur les graphiques de tension en fonction de la densité de courant, les V(J), et de puissance optique en fonction de la densité de courant, les P(J) (figure I.18). Les surfaces des lasers nous permettent aisément de convertir les courants en densités de courant.

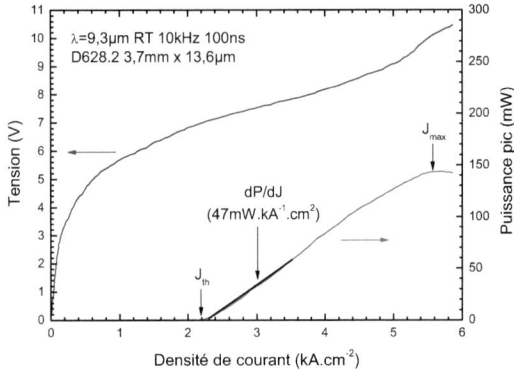

FIGURE I.18 - Caractéristiques V(J) et P(J) d'un QCL.

Sont de celles-là la densité de courant de seuil, J_{th}, qui correspond à la densité de courant à partir de laquelle le composant entre en régime d'émission laser, et la densité de courant maximum, J_{max}, qui correspond à la densité de courant à partir de laquelle le niveau bas de l'injecteur devient plus haut en énergie que le niveau haut de la transition et le courant comme la puissance émise commencent à décliner avec la montée en tension, cet effet est appelé le « Starck rollover ».

La puissance optique différentielle en fonction du courant dP/dI peut également être mesurée directement, à condition de connaître l'efficacité de la collection du signal. Elle dépend de la relation [Gmachl, 2001] :

$$\frac{dP}{dI} = \frac{N_p \hbar \omega}{e} \eta_i \frac{\alpha_{m\,sortie}}{\alpha_{tot}} \quad (I.1)$$

Avec N_p le nombre de périodes de zone active, e la charge élémentaire, $\hbar\omega$ l'énergie d'émission, η_i le rendement quantique interne, qui correspond au nombre de photons qu'émet un électron injecté par période de zone active, $\alpha_{m\,sortie}$ les pertes au miroir de sortie et α_{tot} les pertes optiques totales du mode laser.

Les spectres d'émission appartiennent aussi à cette catégorie de mesures directes (figure I.19).

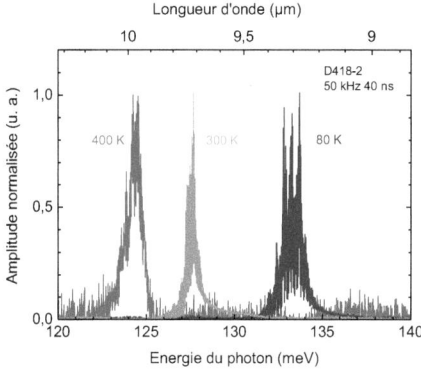

FIGURE I.19 - Spectres d'émission laser d'un QCL à différentes températures.

D'autres, telles que le gain, les pertes optiques ou les caractéristiques thermiques, font l'objet de mesures indirectes. Je vais maintenant vous décrire les principales d'entre elles et les techniques employées pour déterminer leurs valeurs.

I.7.3) Le gain modal et les pertes du guide d'onde

Le gain d'un laser est le coefficient d'amplification de la lumière par unité de longueur. Il s'exprime par le produit de la densité de courant injecté et du coefficient de gain modal $g\Gamma$, lui-même le produit du gain différentiel de la zone active g et du facteur de recouvrement du mode optique avec la zone active Γ. Le seuil laser est atteint quand le gain équivaut aux pertes totales, soit la somme des pertes optiques internes du guide d'onde α_w et des pertes aux miroirs α_m :

$$g\Gamma J_{th} = \alpha_w + \alpha_m \qquad (I.2)$$

Les pertes aux miroirs dépendent de la réflectivité interne des deux facettes R_1 et R_2 du ruban laser et de sa longueur L, d'après la relation :

$$\alpha_m = \frac{\ln\left(\frac{1}{R_1 R_2}\right)}{2L} \qquad (I.3)$$

Si nous connaissons les réflectivités des facettes des lasers, nous sommes donc capables de déduire le gain modal et les pertes internes des lasers, à partir de deux mesures de densités de courant de seuil significatives de deux lasers de longueurs différentes, en résolvant un système de deux équations à deux inconnues. Cette technique est souvent appelée la « méthode 1 sur L » ou encore la « méthode des longueurs ».

Cette méthode n'est pas d'une fiabilité absolue car elle suppose un gain linéaire avec le courant. Elle peut cependant nous donner une idée assez réaliste des pertes et du gain modal.

I.7.4) La température caractéristique T_0

La température caractéristique T_0 décrit l'évolution de la densité de courant de seuil avec la montée en température.

La densité de courant de seuil augmente en général exponentiellement avec la température sur une grande gamme de températures (figure I.20) :

$$J_{th}(T) = J_0 e^{\frac{T}{T_0}} \tag{I.4}$$

Où T est la température et J_0 la densité de courant de seuil qu'aurait le laser à une température de 0 K.

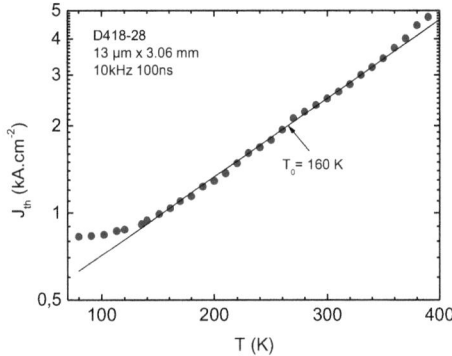

FIGURE I.20 - Densités de courant de seuil en fonction de la température d'un QCL.

Le T_0 se calcule donc à partir des densités de courant de seuil significatives à deux températures T_1 et T_2 à partir de l'équation :

$$T_0 = \frac{T_1 - T_2}{\ln(J_{th}(T_1)) - \ln(J_{th}(T_2))} \tag{I.5}$$

Nous pouvons remarquer qu'il est souhaitable d'avoir le plus grand T_0 possible mais qu'il ne fait pas un bon laser si le J_0 est trop élevé.

I.7.5) La résistance thermique

La résistance thermique R_{th} détermine l'échauffement de la zone active du laser avec la puissance électrique injectée.

Il existe un nombre considérable de techniques de mesure de la résistance thermique. Celle que nous employons la plus couramment consiste à comparer les densités de courant de seuil en fonction de la température d'un laser alimenté en régime pulsé et en régime continu (figure I.21). La résistance thermique nous est donnée par les températures pour lesquelles le laser a le même seuil en régime pulsé et continu ($J_{th\,CW}(T_{cw}) = J_{th\,pulsé}(T_{pulsé})$) et la puissance électrique injectée $P_{élec}$ à ce seuil en régime continu :

$$R_{th} = \frac{T_{pulsé} - T_{cw}}{P_{élec}} \tag{I.6}$$

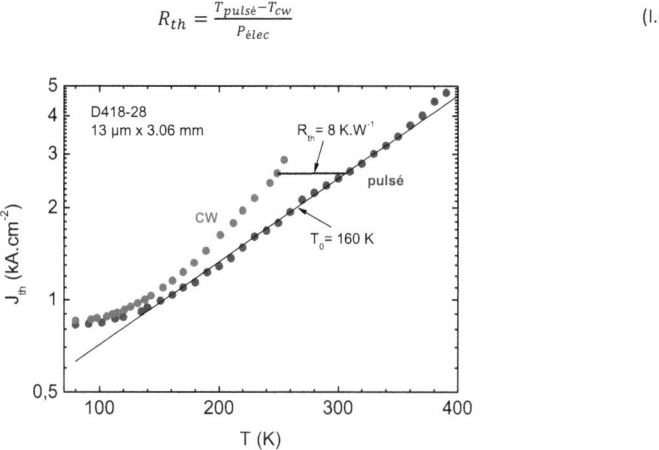

FIGURE I.21 - Densités de courant de seuil en fonction de la température d'un QCL alimenté en régime pulsé à faible rapport cyclique (en bleu) et en régime continu (en rouge).

La résistance thermique va beaucoup dépendre de la géométrie des composants. Elle sera plus petite pour les lasers de grandes dimensions mais la puissance électrique injectée sera plus grande. Nous préférerons alors nous référer à la conductance thermique normalisée à la surface S du composant, que nous souhaiterons la plus grande possible :

$$G_{th} = \frac{1}{R_{th} S} \tag{I.7}$$

Cette grandeur est d'une importance capitale pour le fonctionnement en continu et pour les lasers de puissance.

I.8) Présentation de l'objet de la thèse

L'objectif de ce travail de thèse a consisté avant tout à permettre d'acquérir une meilleure connaissance du système InAs/AlSb et de ses possibilités pour les QCLs, à la fois sur un plan théorique, expérimental et technologique.

J'ai œuvré à l'amélioration des performances des lasers à cascade quantique sur ce système de matériaux, notamment sur l'élévation de la température maximum de fonctionnement dans les courtes longueurs d'onde et le lointain infrarouge.

La finalité de ces lasers est leur utilisation pour des applications telles que la spectroscopie par absorption. J'ai donc travaillé à les rendre plus adaptés aux besoins de celles-ci, à savoir qu'ils puissent fonctionner en régime continu et que leur émission soit monomode.

Chapitre II : Modélisation de la zone active d'un laser à cascade quantique

Outre notre savoir-faire en termes de croissance épitaxiale et de réalisation technologique, notre réussite dans la mise au point de lasers à cascade quantique repose sur notre aptitude à concevoir des designs de zone active efficaces. Pour ce faire, nous nous appuyons sur des simulations de zone active réalisées via un logiciel de calculs numériques des états quantiques des structures QCLs. Ce logiciel est développé depuis de nombreuses années par mon directeur de thèse Roland Teissier, à partir du langage de programmation C++.

Dans ce chapitre, Je vais vous décrire dans un premier temps les grandes lignes du fonctionnement du calcul des états quantiques de cet outil de simulations puis, de façon plus détaillée, ma contribution à son développement, à travers la réalisation d'une fonction de calcul du transport électronique et du gain, pour finir enfin par l'analyse de ses résultats.

Par souci de lisibilité, les vecteurs et les opérateurs ne seront pas représentés surmontés d'une flèche ou d'un accent circonflexe mais en caractères gras dans ce chapitre.

II.1) Calcul des états quantiques d'une structure laser à cascade quantique

II.1.1) Approximation de la masse effective

Dans le formalisme de la mécanique quantique, les états quantiques sont décrits par les fonctions d'onde dépendantes du temps et de l'espace. Ces fonctions d'onde sont reliées à l'Hamiltonien, qui correspond à l'énergie totale du système, par l'équation de Schrödinger dépendante du temps [Cohen, 1973] :

$$\boldsymbol{H}\Psi(\boldsymbol{r},t) = i\hbar \frac{\partial}{\partial t}\Psi(\boldsymbol{r},t) \tag{II.1}$$

Où $\Psi(\boldsymbol{r},t)$ est la fonction d'onde, $\boldsymbol{r}$ le vecteur position, $\boldsymbol{H}$ est l'opérateur Hamiltonien, i est l'unité imaginaire et $\hbar$ la constante de Planck réduite.

Dans notre cas particulier, où nous décrivons les états électroniques d'une structure QCL, nous considérons $\boldsymbol{H}$ indépendant du temps et une solution de la forme $\Psi(\boldsymbol{r},t) = \psi(\boldsymbol{r})f(t)$, dans laquelle les variables temporelles et spatiales peuvent être séparées, l'équation (II.1) peut alors être réduite à l'équation de Schrödinger indépendante du temps :

$$\boldsymbol{H}\psi(\boldsymbol{r}) = E\,\psi(\boldsymbol{r}) \tag{II.2}$$

Avec :

$$f(t) = e^{-\frac{i\cdot E\cdot t}{\hbar}} \tag{II.3}$$

Où E correspond à l'énergie propre de l'état électronique.

L'équation (II.2) est représentée sous une forme simple mais sa résolution est loin de l'être étant donnée la complexité de l'opérateur $\mathbf{H}$.

Pour simplifier le problème, nous le traitons dans une seule bande électronique, la bande de conduction, et utilisons l'approche de la fonction enveloppe, dans le cadre de l'approximation de la masse effective [Bastard, 1981] [Bastard, 1988].

Le concept de masse effective consiste à réduire le système compliqué des multiples électrons interagissant entre eux et avec le réseau cristallin au cas simple d'un seul électron se déplaçant librement avec une masse effective différente de la masse réelle d'un électron. La masse effective va alors incorporer l'influence des autres électrons et des atomes du système sur cet électron. Sa relation avec la courbe de dispersion des électrons est la suivante :

$$m^* = \frac{\hbar^2}{\frac{d^2 E}{dk^2}} \tag{II.4}$$

Où m^* est la masse effective et k le vecteur d'onde de l'électron.

La relation de dispersion n'étant pas parabolique, et ce particulièrement pour les matériaux à petits gaps, la masse effective va varier avec l'énergie d'après l'équation :

$$m^*(E) = m^*(0)\left(1 + \frac{E - E_c}{E_{eff}}\right) \tag{II.5}$$

Avec $m^*(E)$ la masse effective des électrons à l'énergie E, $m^*(0)$ la masse effective en bas de bande de conduction, E_c l'énergie en bas de bande de conduction et E_{eff} l'énergie de couplage entre la bande de conduction et la bande de valence, d'une valeur proche de celle du gap du matériau.

Dans, le formalisme de la fonction enveloppe, nous décomposons la fonction d'onde en un produit de deux fonctions, l'une suivant le potentiel atomique et oscillant rapidement à la période de la maille cristalline, la fonction de Bloch $u(\mathbf{r})$, et l'autre variant lentement à l'échelle atomique, la fonction enveloppe $F(\mathbf{r})$:

$$\psi(\mathbf{r}) = F(\mathbf{r})u(\mathbf{r}) \tag{II.6}$$

L'invariance cristalline dans le plan perpendiculaire à l'axe de croissance z sur les structures QCLs, permet de décomposer encore la fonction enveloppe d'après la relation :

$$F(\mathbf{r}) = \frac{1}{\sqrt{S}} e^{i\mathbf{k}(x,y)\mathbf{r}(x,y)} \varphi(z) \tag{II.7}$$

Où S est la surface du cristal normale à z, présente dans l'équation à des fins de normalisation, $\mathbf{k}(x,y)$ et $\mathbf{r}(x,y)$ les vecteurs d'onde et position dans le plan des couches et $\varphi(z)$ la fonction enveloppe dans l'axe de croissance z.

Nous déterminons maintenant, sur la base de ces approximations, l'équation décrivant les états propres n du système, d'énergies E_n et de fonctions enveloppe en z $\varphi_n(z)$:

$$-\frac{\partial}{\partial z}\frac{\hbar^2}{2m^*(E_n,z)}\frac{\partial}{\partial z}\varphi_n(z) + V(z)\varphi_n(z) = E_n\varphi_n(z) \quad \text{(II.8)}$$

Où $V(z)$ est le profil de potentiel selon z déterminé par le champ externe F et par le potentiel d'hétérostructure.

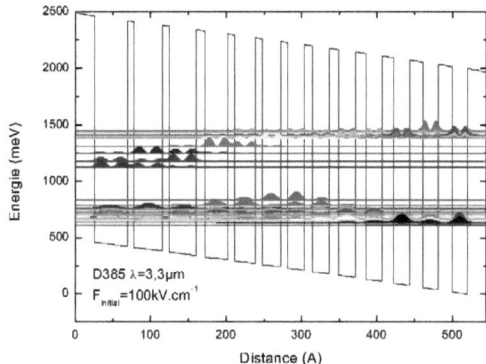

FIGURE II.1 - Simulation des niveaux électroniques pour un champ de 100 kV.cm^{-1} dans une période de zone active d'une structure émettant à λ=3,3 µm. Le potentiel est en trait noir et les fonctions d'onde des niveaux sont en couleurs. Les lignes de base des fonctions d'onde correspondent à leurs énergies.

La résolution de l'équation (II.8) est la clé de voute de notre logiciel. Nous l'y résolvons de façon numérique.

Pour que la simulation soit en phase avec l'expérience, les constantes de non-parabolicité, les masses effectives et les énergies en bas de bande de conduction, E_{eff}, $m^*(0)$ et E_c dans l'équation (II.5), de l'InAs et l'AlSb ont été ajustées de sorte que les énergies calculées entre les niveaux haut et bas de la transition laser soient conformes aux pics d'émission spontanée et laser expérimentaux. Ces paramètres ont été présentés dans la référence [Barate, 2005] qui date de l'année 2005. Leurs valeurs lorsqu'ils sont épitaxiés sur un substrat d'InAs ont depuis été affinées et sont présentées aux températures de 80 K et 300 K dans le tableau de la figure II.2.

Matériaux	$m^*(0)$ (m_0)	E_{eff} (meV)	E_c (meV)
InAs (T=80K)	0,0226	380	413
InAs (T=300K)	0,0204	303	386
AlSb (T=80K)	0,14	2381	2472
AlSb (T=300K)	0,14	2381	2384

FIGURE II.2 - Tableau récapitulatif des paramètres de bande utilisés dans les simulations des matériaux InAs et AlSb aux températures de 80 K et 300 K.

II.1.2) Résolution Schrödinger-Poisson

Pour nos simulations de transport électronique, nous modélisons une période de zone active en incluant l'effet des charges des dopants et des électrons. Nous faisons dans nos calculs l'approximation que le niveau de Fermi est le même dans toute la période de zone active.

La densité d'électrons libres dans la période, qui est fonction du dopage, le nombre de niveaux électroniques pris en compte, la température et le champ externe initial, qui correspondrait au champ appliqué si nous ne tenions pas compte de l'effet des charges sur le profil de potentiel, sont des paramètres d'entrée de nos calculs.

Dans ce calcul, nous considérons dans un premier temps que l'énergie du niveau de Fermi E_{Fermi} est égale à celle du premier niveau de la zone active et nous calculons la densité d'électrons libres dans la période N_{tot} pour ce niveau de Fermi d'après la relation :

$$N_{tot} = \int D(E)f(E)\,dE \tag{II.9}$$

Où $D(E)$ est la densité d'état et $f(E)$ la distribution de Fermi-Dirac :

$$f(E) = \left(1 + e^{\frac{E-E_{Fermi}}{k_b T}}\right)^{-1} \tag{II.10}$$

Où T est la température et k_b la constante de Boltzmann.

Nous comparons la densité d'électrons libres de ce calcul à celle donnée en paramètre d'entrée. Nous ajustons l'énergie du niveau de Fermi en fonction de cela, par une procédure adaptée, et recommençons le calcul jusqu'à ce que la densité d'électrons converge vers la valeur en entrée.

Nous calculons ensuite l'influence de la répartition de ces densités d'électrons et des donneurs ionisés fixes selon z, $\rho(z)$, sur le profil de potentiel dans la zone active d'après l'équation de Poisson :

$$\Delta V(z) = -\frac{\rho(z)}{\varepsilon_r(z)} \tag{II.11}$$

Avec Δ l'opérateur Laplacien et $\varepsilon_r(z)$ la constante diélectrique du matériau.

Les niveaux d'énergie et leurs fonctions d'onde associées sont ensuite recalculés en fonction de ce nouveau profil de potentiel. Cette opération est répétée jusqu'à ce que l'énergie du niveau de Fermi converge. Le taux de convergence est en général suffisant pour moins d'une dizaine d'itérations.

Le profil de potentiel et l'énergie du niveau de Fermi calculés pour un dopage de 5×10^{11} cm^{-2} sur une structure émettant à 9,3 µm de longueur d'onde pour un champs initial de 40 kV.cm^{-1} sont présentés sur la figure II.3.

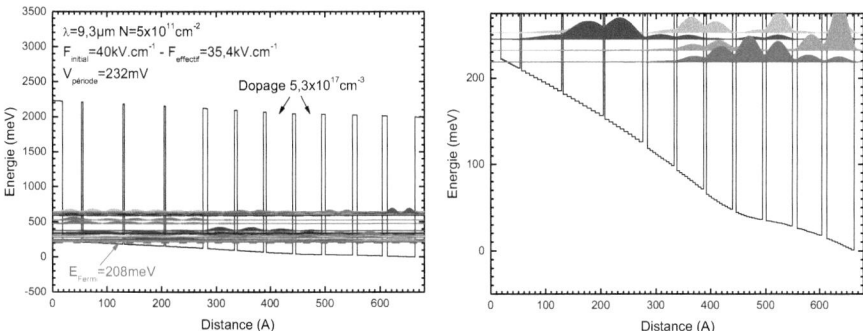

FIGURE II.3 - Simulation des niveaux électroniques et calcul du niveau de Fermi (en rouge) pour un champ initial de 40 kV.cm^{-1} en tenant compte de la distribution des charges dans une période de zone active d'une structure émettant à λ=9,3 μm (à gauche) et zoom sur le bas de la bande de conduction où l'on peut observer la déformation du profil de potentiel (à droite).

Nous pouvons observer sur cette figure que le profil de potentiel est déformé par les charges dans la période de zone active. Cet effet est d'autant plus important que la longueur d'onde est grande car le champ appliqué est plus faible et les puits plus larges.

La différence d'énergie entre le début et la fin de la période de zone active va nous renseigner sur la tension à laquelle est soumise la période.

II.2) Modèle de transport électronique

II.2.1) Calcul des temps de vie

Les termes relatifs aux mécanismes de diffusions intersousbandes ne sont pas intégrés dans l'Hamiltonien de l'équation II.8. Cette omission est volontaire pour des raisons évidentes de simplification des calculs et parce que ces termes ont, comparativement à ceux présents dans cette équation, une influence très faible sur la détermination des niveaux d'énergie permis et leurs fonctions d'onde.

Les mécanismes de diffusion les plus importants sont traités dans le cadre de la simulation du transport électronique en tant que perturbations, via la règle d'or de Fermi [Dirac, 1927], selon laquelle, sous l'effet d'un Hamiltonien perturbatif H', la probabilité de transition W_{if} d'un niveau i vers un niveau f est décrite par :

$$W_{if} = \frac{1}{\tau_{if}} = \frac{2\pi}{\hbar} |\langle \varphi_i | H' | \varphi_f \rangle|^2 \delta(E_i - E_f - \hbar\omega) \qquad (II.12)$$

Où $\delta(E_i - E_f - \hbar\omega)$ est le terme de conservation de l'énergie où $\hbar\omega$ est l'énergie échangée durant la diffusion et τ_{if} est le temps de vie de la transition.

Les mécanismes que nous considérons dans nos simulations sont la rugosité d'interface et la diffusion par émission ou absorption de phonons longitudinaux optiques qui sont de loin dominants dans les lasers à cascade quantique.

Le temps de vie de diffusion par rugosité d'interface $\tau_{rug\ if}$ d'un niveau i vers un niveau f est donné par la relation [Ando, 1982] :

$$\frac{1}{\tau_{rug\ if}} = \frac{m^* \Delta^2 \Lambda^2}{\hbar^3} \sum_n (\Delta U_n)^2 \varphi_i^2(z_n) \varphi_f^2(z_n) \int_0^\pi e^{-\frac{q^2 \Lambda^2}{4}} d\theta \qquad (\text{II}.13)$$

Où Δ est la hauteur moyenne de la rugosité, Λ sa longueur de corrélation et ΔU_n la discontinuité de bande de conduction à l'interface n et $q = \sqrt{k_i^2 + k_f^2 - 2k_i k_f \cos\theta}$ est la norme du vecteur d'onde de diffusion qui assure la conservation du vecteur d'onde lors de la transition, où k_i et k_f sont les normes des vecteurs d'onde initiaux et finaux des électrons dans le plan (k_x, k_y) et θ est l'angle entre ces deux vecteurs d'onde.

Nous avons choisi, afin d'optimiser les temps de calcul, de ne pas faire l'intégration sur θ en considérant que l'électron est initialement en bas de sousbande, la norme du vecteur d'onde de diffusion est alors égale à celle du vecteur d'onde final, calculée selon l'équation (II.30), en considérant une constante de non parabolicité isotrope et l'énergie de l'électron dans la sousbande finale, égale à la différence d'énergie entre les deux niveaux car la diffusion par rugosité d'interface est élastique.

Dans le cas où le niveau initial a une énergie E_i inférieure à celle du niveau final E_f, la probabilité de diffusion est pondérée par un facteur $e^{\frac{E_i - E_f}{k_b T}}$ correspondant à la part des électrons du niveau ayant l'activation thermique suffisante pour participer à la transition élastique.

Le temps de vie de diffusion par émission-absorption de phonons longitudinaux optiques $\tau_{ph\ if}$ d'un niveau i vers un niveau f est donné par l'équation :

$$\frac{1}{\tau_{ph\ if}} = \frac{m^* e^2 \omega_{LO}}{8\pi \varepsilon_0 \hbar^2} \left(\frac{1}{\varepsilon_\infty} - \frac{1}{\varepsilon_s}\right) \left(n_{ph} + \frac{1}{2} \pm \frac{1}{2}\right) \int_0^{2\pi} dz \int dz' \varphi_i(z)\varphi_f(z)\varphi_i(z')\varphi_f(z') \frac{e^{-q|z-z'|}}{q} d\theta$$

$$\times \delta(E_i - E_f \pm \hbar\omega_{LO}) \qquad (\text{II}.14)$$

Où e est la charge élémentaire, $\hbar\omega_{LO}$ est l'énergie du phonon, ε_0 est la permittivité du vide, ε_s et ε_∞ sont les constantes diélectriques statique et dynamique, $n_{ph} = \left(e^{\frac{\hbar\omega_{LO}}{k_b T}} + 1\right)^{-1}$ est la densité de phonons qui obéit à distribution de Bose-Einstein, le terme $\pm$ distingue l'émission (+) et l'absorption (−) d'un phonon et q est la norme du vecteur d'onde du phonon qui assure la conservation du vecteur d'onde lors de la transition. La norme du vecteur d'onde initial est calculée en fonction de l'énergie de l'électron dans le niveau initial et celle du vecteur d'onde final est calculée en tenant compte de l'énergie du niveau final et de l'énergie échangée lors de la transition, égale à l'énergie du phonon.

Nous considérons que les porteurs ont une énergie de $\frac{k_b T}{2}$ dans leur niveau initial, qui correspond à leur énergie moyenne. Nous faisons donc l'approximation que le temps de vie de l'électron moyen est le temps de vie moyen de l'électron.

Si l'énergie de la sous-bande finale n'est pas inférieure à l'énergie initiale de l'électron de plus de l'énergie d'un phonon, la probabilité de diffusion par émission de phonons est pondérée par un facteur $e^{\frac{\left(E_i + \frac{k_b T}{2}\right) - \left(E_f + \varepsilon_{ph}\right)}{k_b T}}$.

Si l'énergie de la sous-bande finale est supérieure à l'énergie initiale de l'électron de plus de l'énergie d'un phonon, la probabilité de diffusion par absorption de phonons est pondérée par un facteur $e^{\frac{\left(E_i + \frac{k_b T}{2}\right) - \left(E_f - \varepsilon_{ph}\right)}{k_b T}}$.

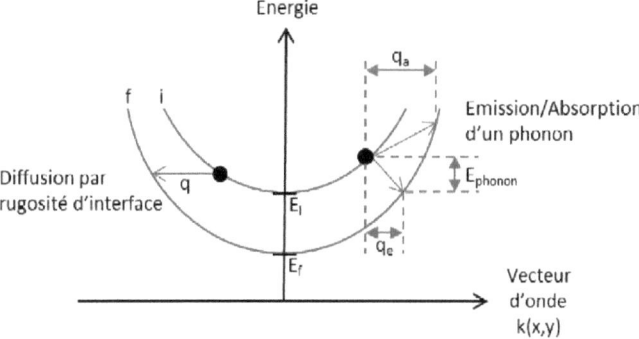

FIGURE II.4 - Schéma des mécanismes de diffusion entre sous-bandes par rugosité d'interface et émission ou absorption de phonons.

II.2.2) Effet tunnel résonant

Pour calculer les temps de transition des niveaux d'une période de zone active à ceux des périodes mitoyennes via les barrières d'injection, nous avons choisi d'utiliser l'approche de l'effet tunnel résonant [Sirtori, 1998b], en utilisant une base d'états quantiques calculés dans une période isolée.

Nous calculons les temps de vie des transitions de tous les niveaux de la période étudiée vers les niveaux de la période suivante, $\tau_{tun\ ij}$, et les temps de vie des transitions des niveaux de la période suivante vers les niveaux de la période étudiée, $\tau_{tun\ retour\ ji}$, en utilisant les équations [Terazzi, 2008]:

$$\frac{1}{\tau_{tun\ ij}} = K_{tun} \frac{2\Omega_{ij}^2 \tau_{//}}{1 + \Delta_{ij}^2 \tau_{//}^2} \qquad (\text{II.15})$$

$$\frac{1}{\tau_{tun\ retour\ ji}} = K_{ret} \frac{2\Omega_{ij}^2 \tau_{//}}{1 + \Delta_{ij}^2 \tau_{//}^2} \qquad (\text{II.16})$$

Avec $\hbar\Delta_{ij} = E_i - E_j$ qui correspond à l'écart en énergie des deux niveaux.

Les facteurs K_{tun} et K_{ret} correspondent aux parts des densités d'électrons des niveaux d'origine qui sont en résonance énergétique avec les niveaux de destination et qui vont être aptes à la transition. Leurs valeurs sont $K_{tun}=1$ et $K_{ret} = e^{\frac{E_j-E_i}{k_bT}}$ si $E_i > E_j$ et $K_{tun} = e^{\frac{E_i-E_j}{k_bT}}$ et $K_{ret} = 1$ si $E_i < E_j$.

$\tau_{//}$ est le temps de relaxation dans le plan des couches [Callebaut, 2005], qui est un paramètre d'entrée de notre fonction de calcul du transport électronique et du gain. Ce terme représente dans cette équation l'élargissement des niveaux qui va permettre, quand les niveaux ne sont pas en résonance, un accord entre les vecteurs d'onde des électrons des deux niveaux et autoriser l'effet tunnel résonant (nous considérons ici que les constantes de non parabolicité sont identiques pour les deux niveaux). Cet élargissement va en revanche limiter le courant maximum, quand les niveaux sont en résonance.

Ω_{ij} est la fréquence de Rabi, elle représente le couplage entre les deux niveaux. Elle est calculée d'après la formule :

$$\Omega_{ij} = K_\Omega \frac{\varphi_i(z_{bar})\varphi_j(z_{bar})}{\hbar e} \qquad (II.17)$$

Où $\varphi_i(z_{bar})$ et $\varphi_j(z_{bar})$ sont les amplitudes des fonctions enveloppes des deux niveaux à une position quelconque dans la barrière d'injection z_{bar}. K_Ω est un facteur de proportionnalité déterminé de façon empirique en comparant la valeur de Ω_{ij} calculée avec cette équation en isolant les puits de part et d'autre de la barrière et la séparation en énergie $\hbar\Omega_{ij}$ des deux niveaux couplés à la résonance calculés avec la structure complète.

II.2.3) Equations bilan

Dans notre modèle de transport, nous avons choisi de ne calculer que les écarts de densités de porteurs à l'équilibre thermique n_i des niveaux i, qui correspondent aux densités de porteurs totales $n_{tot\,i}$ auxquelles sont soustraites les densités de porteurs thermiques $n_{therm\,i}$ de ces niveaux :

$$n_{tot\,i} = n_i + n_{therm\,i} \qquad (II.18)$$

Pour le calcul des densités de porteurs à l'équilibre thermique, nous nous en remettons à la distribution de Fermi-Dirac:

$$n_{therm\,i} = \int_{E_i}^{+\infty} D_i(E) f(E)\, dE \qquad (II.19)$$

Où $D_i(E)$ est la densité d'état dans la sous-bande i dans le plan (k_x, k_y) égale à $\frac{m^*(E)}{\pi\hbar^2}$.

Ce choix nous permet de simplifier le problème en nous affranchissant des calculs des mécanismes fins qui régissent la distribution thermique.

Pour calculer les écarts de densités de porteurs à l'équilibre thermique n_i des k premiers niveaux de la zone active, nous résolvons la matrice :

$$\begin{bmatrix} a_{11} & \cdots & a_{1k} \\ \vdots & \ddots & \vdots \\ a_{k1} & \cdots & a_{kk} \end{bmatrix} \cdot \begin{bmatrix} n_1 \\ \vdots \\ n_k \end{bmatrix} = \begin{bmatrix} b_1 \\ \vdots \\ b_k \end{bmatrix} \qquad (II.20)$$

Avec :

$$a_{ii} = -\sum_{j \neq i} \left(\frac{1}{\tau_{tun\,ij}} + \frac{1}{\tau_{tun\,retour\,ij}} + \frac{1}{\tau_{rug\,ij}} + \frac{1}{\tau_{ph\,ij}} \right) \qquad (II.21)$$

$$a_{ij} = \frac{1}{\tau_{tun\,ji}} + \frac{1}{\tau_{tun\,retour\,ji}} + \frac{1}{\tau_{rug\,ji}} + \frac{1}{\tau_{ph\,ji}} \qquad (II.22)$$

$$b_i = n_{therm\,i} \sum_j \left(\frac{1}{\tau_{tun\,ij}} + \frac{1}{\tau_{tun\,retour\,ij}} \right) - \sum_{j \neq i} \left(\frac{n_{therm\,j}}{\tau_{tun\,ij}} + \frac{n_{therm\,j}}{\tau_{tun\,retour\,ij}} \right) \qquad (II.23)$$

Une fois ce calcul matriciel résolu avec une routine du pivot de Gauss, nous connaissons les densités électroniques de chacun des niveaux et sommes en mesure d'estimer la densité de courant J, en considérant tous les électrons sortant de la période de zone active par la barrière d'injection de sortie et en leur soustrayant tous ceux y entrant par cette barrière :

$$J = \sum_i \left(n_{tot\,i} \, e \sum_j \left(\frac{1}{\tau_{tun\,ij}} - \frac{1}{\tau_{tun\,retour\,ij}} \right) \right) \qquad (II.24)$$

Etant également à même de connaître la tension aux bornes d'un période de zone active (cf. II.1.2), nous avons désormais toutes les cartes en main pour simuler une caractéristique de tension en fonction de la densité de courant.

Pour ce faire nous envoyons en commande d'entrée les caractéristiques des couches d'une période de zone active, à savoir les épaisseurs des couches, les matériaux qui les composent et leurs dopages. Nous calculons alors la caractéristique V(J) pour une plage de champs initiaux espacés par un pas d'itération serré.

Pour éviter de compliquer le calcul du niveau de Fermi (cf. II.1.b), nous n'y intégrons pas de manière auto-cohérente les écarts de densités de porteurs à l'équilibre thermique n_i. Nous imposons par contre comme densités de charges fixes les distributions de charges n_i calculées au point de polarisation précédent dans le calcul de l'énergie du niveau de Fermi de l'itération suivante.

II.2.4) Calcul du gain

Nous calculons le spectre de gain $g(\omega)$ à partir des populations des niveaux et de leurs fonctions enveloppes, d'après la relation [Yariv, 1989] :

$$g(\omega) = \frac{1}{2}\frac{2\pi e^2}{\varepsilon_0 n_{eff}\lambda L_p}\sum_{i,j\neq i}\frac{z_{ij}^2(n_{tot\,i}-n_{tot\,j})(\frac{\gamma_{ij}}{2})}{(E_i-E_j-\hbar\omega)^2+\left(\frac{\gamma_{ij}}{2}\right)^2}Signe(i,j) \qquad (\text{II.25})$$

Où L_p est la longueur d'une période de zone active, γ_{ij} est la largeur à mi-hauteur de la transition entre les niveaux i et j, déterminée expérimentalement comme un pourcentage (typiquement de 10 %) de l'énergie de transition $E_i - E_j$, n_{eff} est l'indice effectif du mode optique fondamental, $Signe(i,j)$ a une valeur de 1 si $i > j$ et de -1 si $i < j$, le préfacteur $\frac{1}{2}$ est présent pour compenser le compte double des transitions et z_{ij} est l'élément de matrice dipolaire défini par $z_{ij} = \langle\varphi_i|z|\varphi_j\rangle$.

Une simulation de spectres de gain est représentée sur la figure II.5 pour différentes valeurs de densités de courant. Nous observons que le gain à la longueur d'onde d'émission du laser est négatif jusqu'à une valeur de densité de courant d'environ 1,4 kA.cm^{-2}, la densité de courant de transparence. La densité de courant de seuil est atteinte vers 4 kA.cm^{-2} quand le gain modal équivaut aux pertes totales.

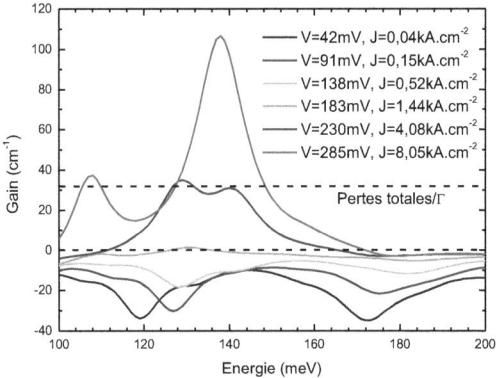

FIGURE II.5 - *Calcul du gain en fonction de l'énergie radiative pour une structure émettant aux environs de 9 µm de longueur d'onde pour plusieurs densités de courant.*

Nous ajustons les paramètres γ_{ij} de manière à avoir un bon accord avec les spectres d'émission spontanée expérimentaux (figure II.6).

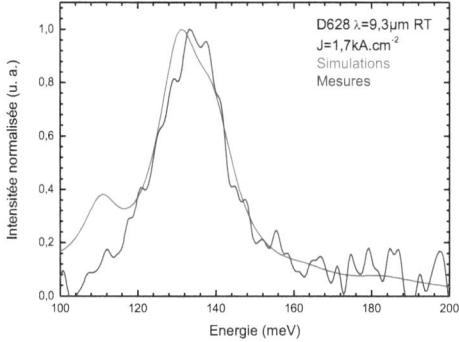

FIGURE II.6 - Spectres d'émission spontanée expérimental (en bleu) et simulé (en rouge) de la structure D628 pour une densité de courant de 1,7 kA.cm^{-2}.

II.3) Mesure expérimentale de la tension par période

Les simulations de transport électronique nous permettent d'obtenir une caractéristique V(J) d'une période de zone active. Si nous voulons la comparer aux mesures expérimentales, il nous faut déduire la caractéristique de tension en fonction de la densité de courant d'une seule période de zone active des mesures de tensions d'une structure comportant plusieurs périodes, des couches de confinement optique, un substrat d'une épaisseur d'environ 200 à 300 µm et des contacts électriques.

La résistance en série du montage expérimental a été déterminée à partir de mesures V(I) d'un fil d'or soudé sur une embase. Elle a été relevée à 0,2 Ω.

Nous avons l'habitude de comparer nos simulations aux V(J) expérimentaux en régime pulsé de structures complètes auxquels nous ôtons le surplus de tension lié à la résistance en série du montage expérimental et que nous divisons par le nombre de périodes plus une période, qui correspond à la somme des tensions de l'entrée et de la sortie de la zone active.

Pour s'assurer du bien-fondé de cette hypothèse, nous avons réalisé une expérience pour déterminer la tension expérimentale réelle d'une période de zone active.

Pour ce faire, nous avons réalisé une technologie standard sur une structure divisée en plusieurs sections, comprenant une section sur laquelle aucun traitement préalable n'a été effectué, une autre où le cladding et le spacer supérieurs ont été enlevés, une où le cladding, le spacer et la sortie de la zone active ont été enlevés et trois autres sections où ce sont plusieurs périodes de zone active qui ont également été enlevés. La structure testée est la D628, composée de 36 périodes et émettant à une longueur d'onde de 9,3 µm, sa feuille de croissance est fournie en annexe.

Pour nous assurer un contrôle convenable des couches ôtées, nous avons gravé sélectivement l'InAs avec une solution de $C_6H_8O_7$: H_2O_2 (1 :1) et l'AlSb avec une solution de HF : H_2O (1 : 700) [Nguyen, 2012].

Nous avons ensuite comparé les caractéristiques V(J) de rubans de ces différentes sections. Pour en faciliter l'analyse, la part de la tension liée à la résistance en série du montage a été ôtée de ces caractéristiques, comme pour celles de tout ce manuscrit.

Le ruban de la structure complète choisi pour la comparaison a été clivé très court, pour que les pertes aux miroirs élevées l'empêchent d'atteindre le seuil de l'émission laser, qui déforme sa caractéristique V(J) car l'émission stimulée réduit le temps de vie du niveau haut de la transition laser et facilite le passage du courant, comme nous pouvons le voir sur la figure II.7.

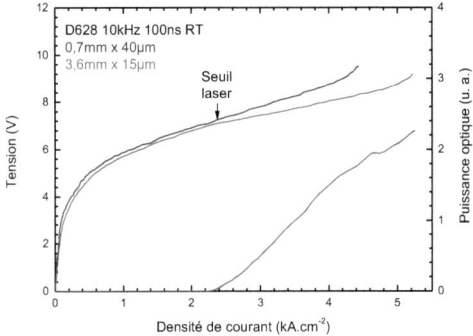

FIGURE II.7 - Caractéristiques V(J) et P(J) de QCLs de longueur de 0,7 mm qui n'atteint pas le seuil laser (en bleu) et 3,6 mm (en rouge) de la structure D628.

Les tensions en fonction de la densité de courant des rubans de toutes les sections sont tracées sur la figure II.8. Plusieurs rubans ont été mesurés sur chaque section pour nous assurer de la reproductibilité des mesures. Le premier constat que nous pouvons réaliser est qu'il n'y a pas de différences de V(J) entre la structure complète et celle où le cladding et le spacer ont été supprimés mais qu'il y a une variation de tension lorsque nous gravons la sortie.

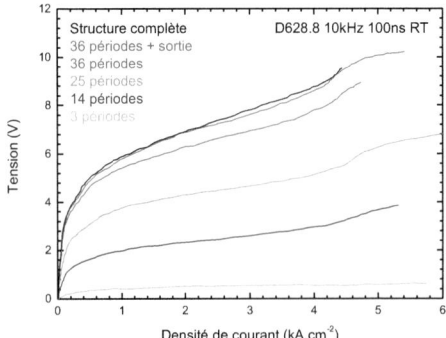

FIGURE II.8 - Caractéristiques V(J) de la structure D628 complète et dépourvue de plusieurs périodes de zone active.

Pour connaître le V(J) d'une seule période à partir de ces mesures, nous soustrayons aux mesures de tension d'une structure contenant m périodes les mesures d'une structure contenant n période et divisons le total par l'écart de périodes $(m-n)$. Les résultats de ces manipulations de mesures sont tracés sur la figure II.9. Ils présentent un petite dispersion attribuable à la difficulté de graver avec une maîtrise totale le nombre de période souhaité (le $C_6H_8O_7 : H_2O_2$ (1 :1) pouvant traverser certaines barrières d'AlSb très fines).

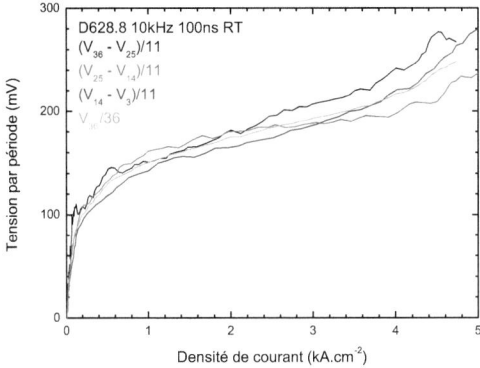

FIGURE II.9 - Caractéristiques V(J) d'une période de zone active estimées par des mesures différentielles.

La caractéristique V(J) qui est sûrement la plus proche de celle d'une période de zone active est la mesure différentielle réalisée à partir des structures de 36 et 25 périodes, les moins gravées. Cette caractéristique est comparable au V(J) d'une structure complète divisée par le nombre de période plus une période (figure II.10). Ceci valide notre hypothèse initiale. La tension par période expérimentale sera donc calculée ainsi dans la suite de ce chapitre.

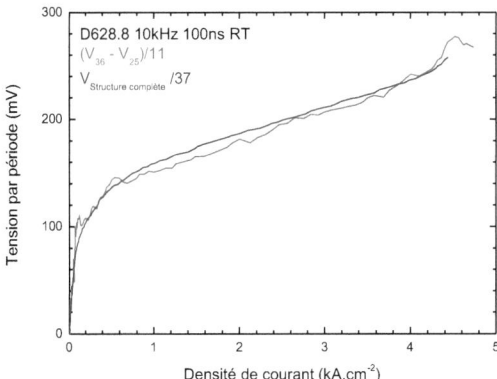

FIGURE II.10 - Caractéristiques V(J) d'une période de zone active estimées avec des mesures différentielles et en divisant la tension d'une structure complète par le nombre de périodes plus une période.

II.4) Analyse des simulations (exemple de la structure D385 à λ=3,3μm)

II.4.1) Comparaison des simulations avec les données expérimentales

Maintenant que le modèle de simulations a été décrit, nous allons le comparer à des mesures expérimentales et démontrer l'apport des simulations de transport électronique à l'étude des QCLs. Nous avons choisi pour cet exemple la structure D385 émettant à 3,3 μm de longueur d'onde (feuille de croissance en annexe), en vertu de ses performances en régime pulsé et de l'importance de cette longueur d'onde pour les applications en spectroscopie moléculaire. Les QCLs de 4 mm de longueur pour 12 μm de largeur de cette structure fonctionnent en régime pulsé jusqu'à une température de 400 K et ont une densité de courant de seuil de 3,4 kA.cm^{-2} à température ambiante (figure II.11).

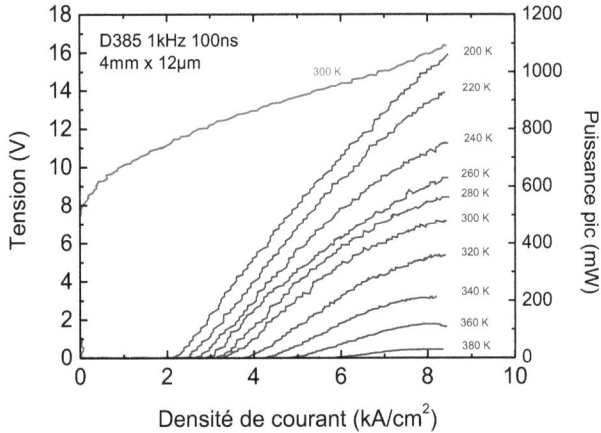

FIGURE II.11 - *Caractéristiques V(J) et P(J) d'un laser de 4 mm de longueur et 12 μm de largeur de la structure D385 pour différentes températures en régime pulsé.*

Sur la figure II.12, nous avons superposé, pour différentes températures, les mesures expérimentales des caractéristiques V(J) d'une période de zone active et P(J) de cette structure avec les simulations de caractéristiques V(J) et de gain en fonction de la densité de courant, $G(J)$, qui inclut les pertes dans la zone active.

Le palier de gain pour lequel le seuil laser est atteint y est tracé en tirets verts. Il correspond, d'après l'équation (I.2), à la somme des pertes aux miroirs α_m, calculées avec l'équation (I.3), et des pertes du guide d'onde hors de la zone active $\alpha_{hors\ ZA}$, simulées en considérant des pertes nulles dans la zone active, divisée par le recouvrement du mode optique fondamental avec la zone active Γ (cf. partie V.1.a) :

$$G(J_{th}) = \frac{\alpha_m + \alpha_{hors\ ZA}}{\Gamma} \quad (II.26)$$

Les paramètres que nous avons fixés dans ces simulations sont les suivants.

Nous avons choisi une largeur à mi-hauteur du spectre de gain de 8 % (cf. II.2.d), conforme aux mesures expérimentales d'émission spontanée.

Pour les paramètres référents à la rugosité d'interface (cf. II.2.a), nous avons considéré une hauteur moyenne de la rugosité de 0,53 Å et une longueur de corrélation de 45 Å. Ces paramètres ont été déterminés à partir de simulations réalisées sur des structures émettant à différentes longueurs d'onde, avec une méthode dont nous discuterons dans la partie II.5. Ils sont désormais constants quelle que soit la structure simulée.

Le temps de relaxation dans le plan des couches (cf. II.2.b) est considéré égal à 0,01 ps. Ce paramètre a une incidence sur la densité de courant maximum et sur le profil de la tension. Il n'en a en revanche presque aucune sur le calcul du gain en fonction de la densité de courant. Nous l'ajustons en fonction de la longueur d'onde d'émission de la structure.

Un paramètre dont nous n'avons pas encore discuté est le coefficient de diffusion entre les électrons et les phonons α_{el}, qui permet d'estimer une température électronique T_{el} différente de celle du réseau cristallin T [Harrison, 2002] :

$$T_{el} = T + \alpha_{el} V_{période} J \qquad (II.27)$$

La température électronique ne concerne que les électrons, elle ne s'applique donc pas au calcul de la densité de phonons n_{ph} (cf. partie II.2.a). Le terme de la tension par période $V_{période}$ est présent car l'élévation de la température électronique est en première approximation proportionnelle à l'énergie dissipée par les électrons sur une période de zone active. Il a été fixé pour cette structure à 0,2 K.cm^2.A^{-1}.V^{-1}. Nous reviendrons plus en détails sur la signification physique de ce facteur et la façon dont nous l'avons déterminé dans la partie II.4.c.

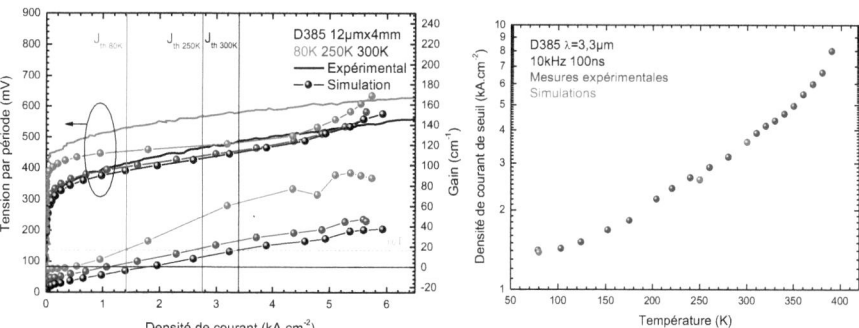

FIGURE II.12 - Caractéristiques V(J) des mesures expérimentales (traits) et V(J) et G(J) des simulations (traits+symboles) pour des températures de 80 K (en rouge), 250 K (en bleu) et 300 K (en noir). Les densités de courant de seuil expérimentales à ces températures sont représentées par des traits verticaux et le gain au seuil par des tirets verts horizontaux (à gauche). Densité de courant de seuil en fonction de la température des mesures expérimentales (en bleu) et des simulations (en rouge) de la structure D385 (à droite).

Nous observons sur cette figure que les simulations V(J) ne sont pas en parfait accord à basse température avec les mesures expérimentales. Cela tient en partie à la tension parasite des spacers à superréseaux de cette structure, qui limite un peu l'utilisation de la méthode développée dans la partie I.3 pour retrouver la tension par période de zone active réelle. Nous verrons plus tard que les simulations V(J) sont plus en phase avec l'expérience sur les structures ayant des couches de confinement métalliques ou entièrement composés d'InAs.

Les gains simulés sont en revanche en bon accord avec les courants de seuil expérimentaux, et ce pour les différentes températures simulées, ce qui est un très bon critère pour valider la simulation.

II.4.2) Analyse des simulations à température ambiante de la structure D385

Les simulations nous donnent accès à beaucoup de données très utiles pour analyser les performances d'un design de zone active et ses possibilités d'amélioration.

Elles nous permettent par exemple de pouvoir suivre le diagramme de bande de la structure en fonction de la tension qui lui est appliquée et de connaître le courant correspondant. Nous pouvons analyser, sur la figure II.13, ce diagramme pour cinq points de fonctionnement sur la structure D385 à une température de 300 K.

Nous observons aux points de fonctionnement 1 et 2 que la minibande d'injection s'aligne progressivement lors de la montée en tension. Au point 1, les porteurs sont piégés dans les niveaux de faibles énergies de l'injecteur. L'alignement au point 2 permet au courant de commencer à circuler.

Aux points de fonctionnement 3 et 4, qui est proche du seuil laser, pour lesquelles les diagrammes de bande sont presque identiques, nous sommes dans un régime de fort courant.

Au point de fonctionnement 5, la minibande d'injection commence à se désaligner et le courant commence à ralentir à cause du temps de transport élevé dans l'injecteur.

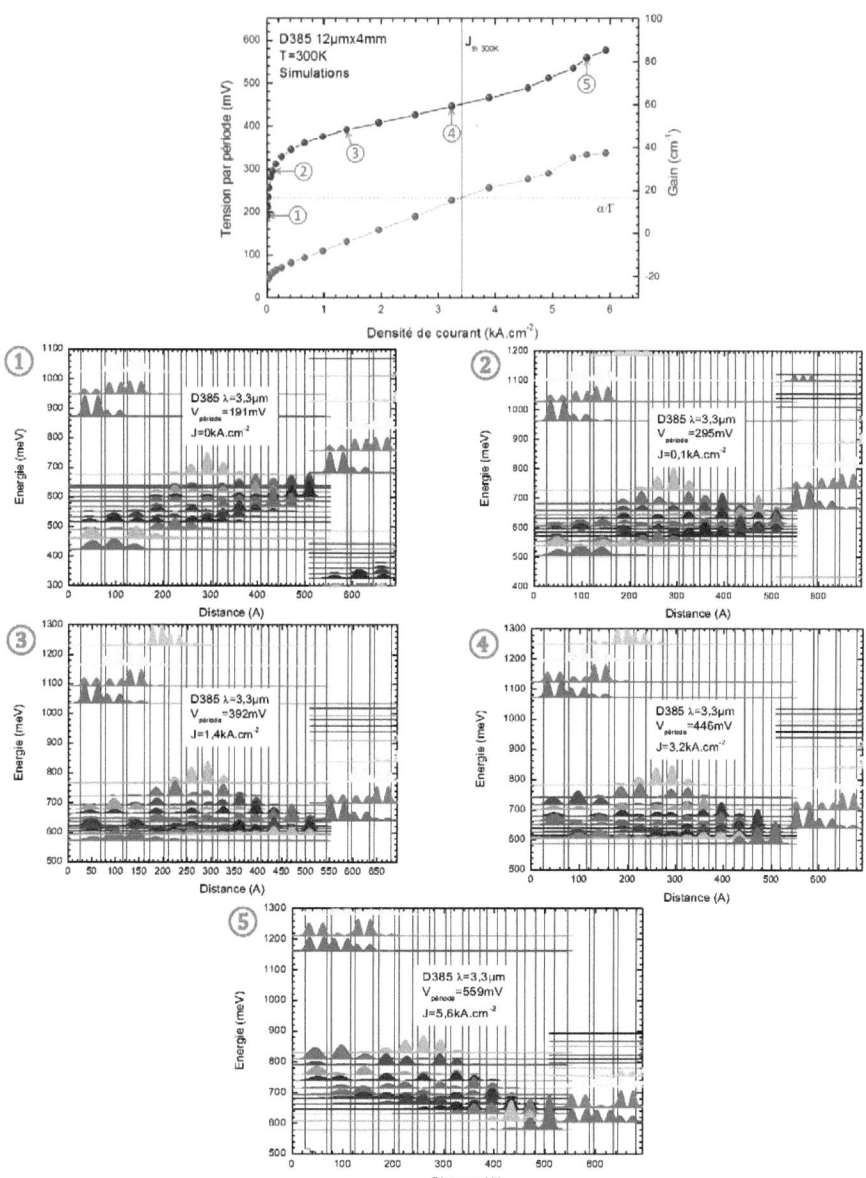

FIGURE II.13 - Simulation de la tension et du gain en fonction de la densité de courant (en haut) et diagramme de bande d'une période de zone active et des puits actifs de la période suivante pour différents points de fonctionnement (en bas) de la structure D385 à une température de 300 K.

Ce modèle nous donne également accès aux densités de population, thermiques et totales. Nous pouvons analyser ces densités de population pour les niveaux hauts et bas de la transition radiative (que l'on appelle communément les niveaux 3 et 2) en fonction de la densité de courant aux température de 300 K et 80 K sur la figure II.14.

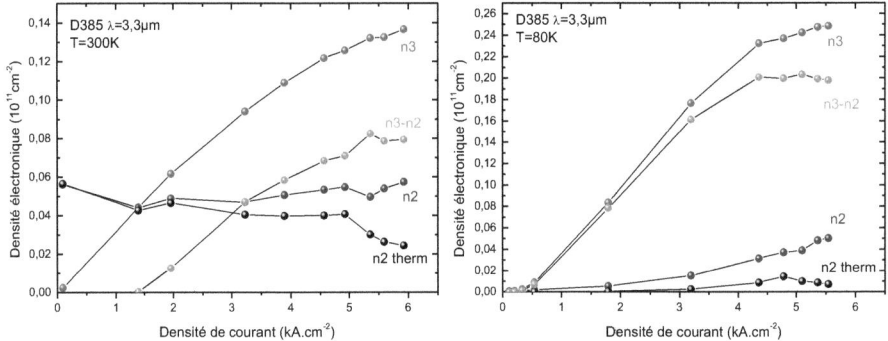

FIGURE II.14 - Simulation des densités de population des niveaux 3 (en rouge) et 2 (en bleu), de la densité de population thermique du niveau 2 (en noir) et de l'inversion de population (en vert) de la structure D385 aux températures de 300 K (à gauche) et 80 K (à droite).

A une température de 300 K, nous observons que sous l'effet de l'injection, le niveau 3 se remplit progressivement d'électrons, et que la population du niveau 2 est en revanche stable. Elle est majoritairement composée d'électrons thermiques à faible densité de courant dont la proportion va diminuer avec l'augmentation de la tension, sous l'effet de l'éloignement du niveau de Fermi.

A 80 K, le niveau 3 se remplit presque deux fois plus rapidement d'électrons, car la densité de phonons est alors moins grande et son temps de vie par conséquent plus long. La densité électronique thermique est presque nulle à cette température. Le niveau 2 est alors vide d'électrons à faible courant mais va progressivement se peupler d'électrons hors équilibre thermique.

Le rendement d'injection, qui correspond à la part des électrons injecté (à travers la barrière d'injection) dans le niveau haut de la transition radiative, peut aussi être calculé et est présenté sur la figure II.15. Il est stable autour de 75 % jusqu'à une densité de courant de 4 kA.cm^{-2}. Le courant restant est presque exclusivement injecté dans le niveau 4 (le niveau au-dessus du niveau 3). Au-delà de 4 kA.cm^{-2}, la hausse de la tension va rapidement augmenter la part injectée dans le niveau 4 et le rendement va diminuer en conséquence.

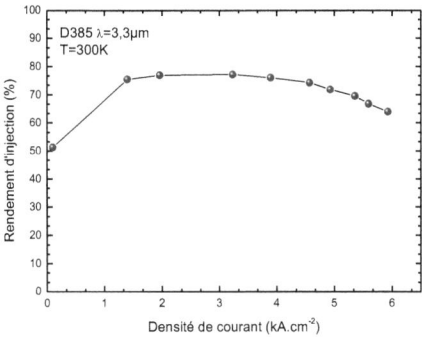

FIGURE II.15 - Simulation du rendement d'injection en fonction de la densité de courant de la structure D385 à 300 K.

Ce modèle de transport nous permet aussi de calculer les temps de vie de tous les niveaux. Le temps de vie τ_3 du niveau 3, celui du niveau 2 τ_2 et le temps de diffusion du niveau 3 vers le 2 τ_{32} sont des facteurs importants du gain dans un QCL. Avec la force d'oscillateur f_{32}, ils suffisent à déterminer le gain en fonction de la densité de courant dans le modèle d'équations bilans à deux niveaux, qui est le plus couramment utilisé pour les calculs de gain théorique des QCLs et que nous appellerons modèle standard, d'après la relation :

$$G(J) = \frac{e\hbar}{c\varepsilon_0 \gamma_{32}} \frac{1}{m^* n_{eff} L_p} f_{32} \tau_3 \left(1 - \frac{\tau_2}{\tau_{32}}\right) J \qquad (II.28)$$

Dans ce modèle, $\tau_3 \left(1 - \frac{\tau_2}{\tau_{32}}\right) \frac{J}{e} = n_{3\,tot} - n_{2\,tot}$, les paramètres précités servent donc à estimer l'inversion de population. Il y est considéré que tout le courant est injecté dans le niveau 3 ($n_{3\,tot} = \frac{J\tau_3}{e}$) et que la population du niveau 2 n'est assuré que par la diffusion des électrons du niveau 3 ($n_{2\,tot} = \frac{n_{3\,tot}\tau_2}{\tau_{32}}$). La force d'oscillateur traduit l'efficacité de la transition intersousbande et est obtenue par la relation [Sirtori, 1994] :

$$f_{32} = \frac{1}{\hbar\omega_{32}} \left|\left\langle 3 \left| p_z \frac{1}{m_2^*} + \frac{1}{m_3^*} p_z \right| 2 \right\rangle\right|^2 \qquad (II.29)$$

Où p_z est l'opérateur quantité de mouvement dans l'axe de croissance.

La force d'oscillateur du niveau 3 au 2 est présentée en fonction de la densité de courant sur la figure II.16. Nous observons qu'elle augmente de façon presque linéaire avec celui-ci.

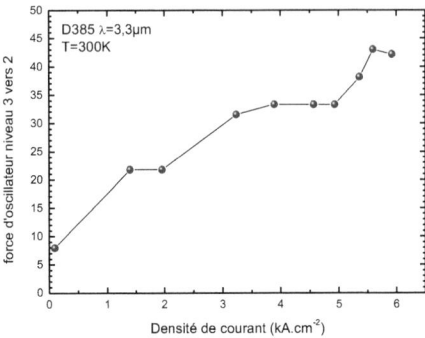

FIGURE II.16 - Simulation de la force d'oscillateur du niveau 3 vers le niveau 2 en fonction de la densité de courant de la structure D385 à une température de 300 K.

Le temps de vie du niveau 3 va diminuer aussi de façon quasiment linéaire de presque un facteur 3 sur 6 kA.cm^{-2} de densité de courant alors que celui du niveau 2 a tendance à augmenter (figure II.17 à gauche). Le changement de pente observé vers 5 kA.cm^{-2} correspond à un anticroisement du niveau 2 avec un niveau de l'injecteur. Le temps de diffusion du niveau 3 vers le niveau 2 est très élevé en comparaison du temps de vie total du niveau 3 (figure II.17 à droite), ce qui indique que les électrons ne sont pas diffusés majoritairement vers le niveau 2. Il va cependant diminuer avec l'augmentation du courant.

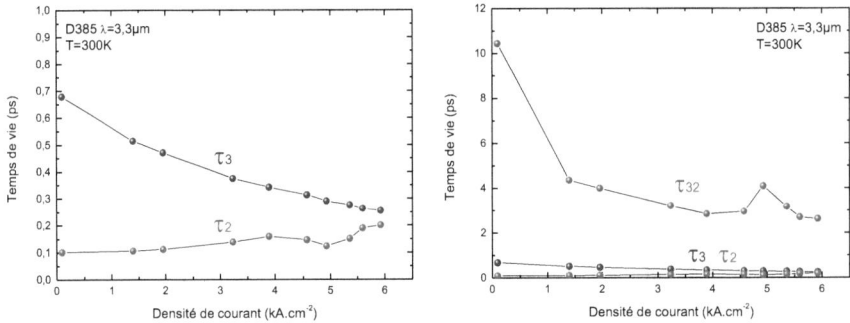

FIGURE II.17 - Simulation des temps de vie des niveaux 2 (en rouge) et 3 (en bleu) et du niveau 3 vers le niveau 2 (en vert) en fonction de la densité de courant de la structure D385 à une température de 300 K.

La hausse de la force d'oscillateur et la baisse du temps de diffusion du niveau 3 vers le niveau 2 sont liés à l'augmentation du recouvrement entre ces niveaux lors de l'augmentation du champ électrique, comme nous pouvons le constater sur la figure II.18.

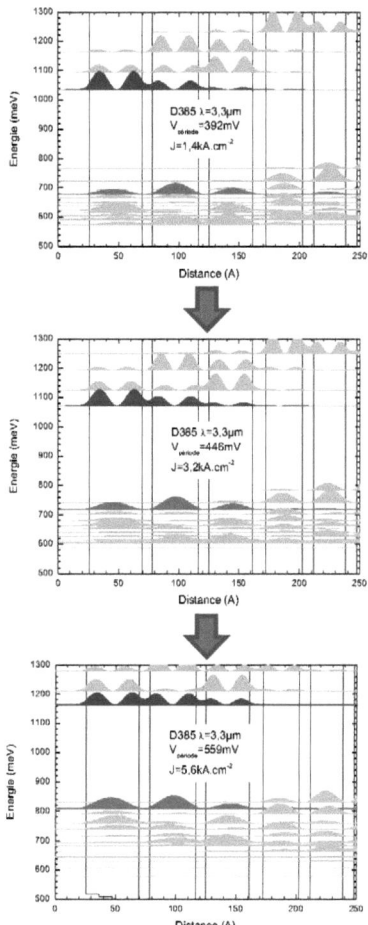

FIGURE II.18 - Simulation des états quantiques dans les puits actifs pour des tensions de période de zone active croissantes de la structure D385 à une température de 300 K.

Injectés dans l'équation (II.28), les paramètres précédents calculés aux environs de 3,2 kA.cm^{-2} de densité de courant, près du seuil laser, nous permettent de calculer le gain avec le modèle standard à deux niveaux, que nous présentons sur la figure II.19.

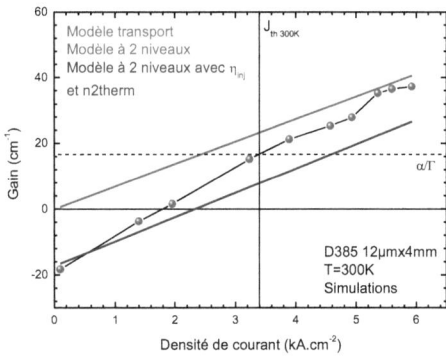

FIGURE II.19 - Simulations du gain avec le modèle de transport électronique (en rouge) et avec le modèle standard à 2 niveaux (en vert), en considérant le rendement d'injection et la population thermique du niveau 2 (en bleu) en fonction de la densité de courant de la structure D385 à une température de 300 K.

Nous observons que le modèle standard est moins performant que celui présenté dans ce chapitre car il sous-estime la densité de courant de seuil à environ 1,8 kA.cm^{-2}. Des simulations de gain avec ce modèle mais en considérant le rendement d'injection et la population thermique du niveau 2 [Faist, 2007] y sont aussi présentées mais elles ont tendance à surestimer le seuil. Ceci s'explique par la fragilité des suppositions faites, dans ce modèle simple, pour le calcul des populations des niveaux 2 et 3. Tout le courant n'est pas injecté dans le niveau 3 et sa population peut aussi être pourvue par la diffusion des électrons d'autres niveaux, vers lesquels il aurait lui-même diffusé ou non des électrons. La population du niveau 2 ne dépend pas non plus que de la diffusion du niveau 3. Il faut intégrer la population thermique dans son calcul. Quant à la population hors équilibre thermique, elle est en fait également assurée par la diffusion des électrons d'autres niveaux, qui sont eux même majoritairement peuplés, directement ou indirectement, par la diffusion des électrons du niveau 3.

Ce phénomène démontre les limites du modèle standard à deux niveaux, à travers la nécessité de calculer la contribution de tous les niveaux à l'inversion de population entre les niveaux 3 et 2 et au gain du laser, ce que nous faisons avec le modèle décrit dans ce chapitre.

Sur la figure II.20, nous pouvons voir l'évolution en fonction de la densité de courant du gain total et celle d'un gain calculé en ne considérant que les populations des niveaux 3 et 2 et leur force d'oscillateur, le gain 32. Le gain 32 est négatif jusqu'à une densité de courant d'environ 1,3 kA.cm^{-2}, à partir de laquelle la population du niveau 3 va égaler la population thermique du niveau 2. Le gain 32 et le gain total se confondent presque parfaitement au-delà de 3 kA.cm^{-2}, dès lors que, sous l'effet de la tension, l'alignement des niveaux de l'injecteur ne leur permet plus d'avoir, avec les niveaux de la minibande supérieure, un écart en énergie en résonance avec celui entre les niveaux 3 et 2. Il n'y a alors plus d'absorption par porteurs libres dans la zone active autre qu'entre les niveaux 2 et 3. Le gain du laser est donc largement dépendant du gain entre le niveau 3 et 2. Ceci s'explique par le fait que le niveau 3 est celui qui possède la population non thermique la plus importante et que sa force d'oscillateur est très majoritairement répartie sur le niveau 2.

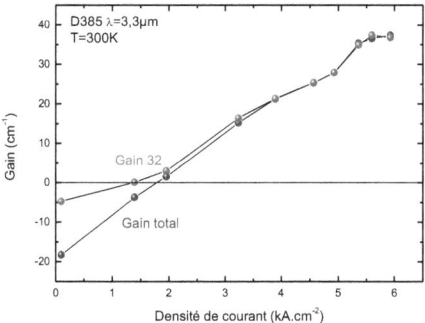

FIGURE II.20 - Simulation du gain (en bleu) et du gain entre les niveaux 3 et 2 (en rouge) en fonction de la densité de courant dans la structure D385 à une température de 300 K.

II.4.3) Modélisation de la distribution des porteurs dans les sous-bandes

Les simulations que nous avons décrites jusqu'à présent ont prouvé leur fiabilité pour le calcul du gain. Elles ne prennent cependant pas en compte la distribution énergétique des électrons dans leur sous-bande autrement qu'en leur attribuant une énergie moyenne.

Pour vérifier l'impact qu'elle peut avoir, nous avons réalisé un modèle sur les mêmes bases que le précédent mais en considérant des sous-niveaux discrets séparés de l'énergie d'un phonon dans les sous-bandes. Dans ce modèle, nous considérons les diffusions électroniques entre chacun des sous-niveaux discrets, y compris entre ceux d'une même sous-bande. Les temps de calculs sont alors accrus mais cela nous permet de respecter la distribution électronique en énergie et d'aboutir à des simulations plus détaillées (figure II.21).

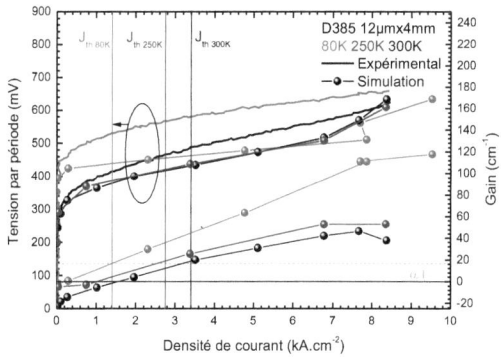

FIGURE II.21 - Caractéristiques V(J) des mesures expérimentales (traits) et V(J) et G(J) des simulations réalisées en discrétisant les sous-bandes électroniques (traits+symboles) pour des températures de 80 K (en rouge), 250 K (en bleu) et 300 K (en noir). Les densités de courant de seuil expérimentales à ces températures sont représentées par des traits verticaux et le gain au seuil par des tirets verts horizontaux.

Ce modèle ne présuppose pas une température électronique. La distribution électronique est le résultat du calcul. Cela nous permet de déterminer, de façon empirique, le coefficient de diffusion entre les électrons et les phonons utilisé dans le modèle précédent pour estimer la température électronique (figure II.22).

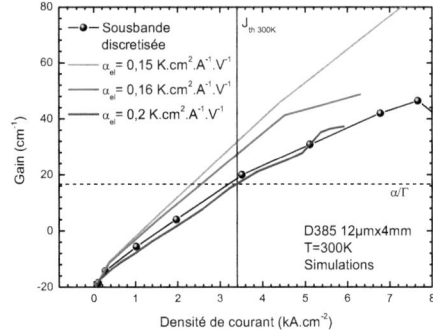

FIGURE II.22 - Simulations de gain en fonction de la densité de courant en utilisant le modèle avec les sousbandes discrétisées (trait+symboles) et sans discrétisation avec des coefficient de diffusion entre les électrons et les phonons de 0,15 (en vert), 0,16 (en rouge) et 0,2 $K.cm^2.A^{-1}.V^{-1}$ (en bleu) pour la structure D385 à une température de 300 K.

Surtout, ce modèle nous permet de tracer la distribution en énergie des électrons dans chaque sous-bande. En la comparant avec la distribution thermique (figure II.23), nous pouvons mesurer le fort impact de l'injection de courant sur la distribution électronique.

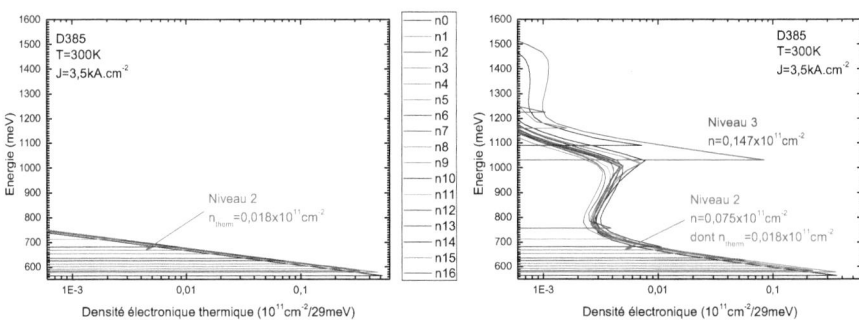

FIGURE II.23 - Simulations de la distribution en énergie des densités d'électrons thermiques (à gauche) et de tous les électrons (à droite) pour une densité de courant de 3,5 $kA.cm^{-2}$ à une température de 300 K pour la structure D385.

Le premier sous-niveau discret de la sous-bande 3 est tributaire de la plus grande part d'injection de courant, sa position en énergie est d'environ 1030 meV. Il dispose donc de la plus forte densité de population non thermique. Via la diffusion par rugosité d'interface et par phonons, il va transmettre ses électrons à une énergie élevée dans les autres sous-bandes, c'est la raison pour laquelle chaque sous-bande de la première minibande a une densité de population importante aux environs de

1030 meV. Sous cette énergie les sous-niveaux discrets sont alimentés en électrons par la diffusion par émission de phonons.

Cette distribution n'a pas un profil exponentiellement décroissant avec l'augmentation de l'énergie, ce qui met en lumière les limites de l'approximation de la température électronique dans la modélisation du transport.

En comparant la distribution électronique de la sous-bande 3 et celle de la première sous-bande de l'injecteur (figure II.24), nous constatons une ressemblance dans leur forme, avec un épaulement à environ 450 meV au-dessus du bas de la sous-bande. Ceci signifie que la sous-bande de l'injecteur transmet par injection tunnel une partie de sa température électronique à la sous-bande 3, ainsi chaque période de zone active contribue à la hausse de la température électronique de la suivante. Cependant comme dans le cadre de notre calcul, nous posons des conditions aux limites périodiques, nous simulons un nombre de périodes de zone active infini. Ce phénomène, estimé ici à moins de 1 % de la population électronique totale, n'a donc qu'une ampleur limitée et ne dégrade que très peu les performances d'un QCL, même s'il possède un très grand nombre de périodes.

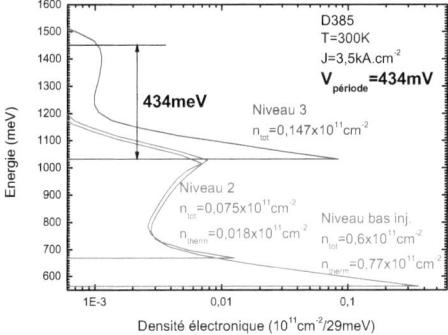

FIGURE II.24 - Simulations de la distribution en énergie des densités électroniques des niveaux 3 (en bleu), 2 (en rouge) et du niveau bas de l'injecteur (en vert) pour une densité de courant de 3,5 kA.cm^{-2} à une température de 300 K pour la structure D385.

En considérant que le gain ne dépend que des sous-bandes 3 et 2 (figure II.20), nous avons utilisé la distribution électronique de la sous-bande 3 pour calculer un spectre de gain.

Afin de respecter la conservation du vecteur d'onde dans la transition radiative, nous associons à chaque sous-niveau discret de la sous-bande 3 l'état de la sous-bande 2 ayant le même vecteur d'onde dans le plan des couches. Leur différence d'énergie correspond à l'énergie radiative du sous-niveau discret de la sous-bande 3.

Pour calculer le vecteur d'onde dans le plan couches $k_{i//}$ associé à l'énergie E dans une sous-bande d'énergie E_i nous avons utilisé la relation :

$$k_{i//}(E) = \frac{\sqrt{2(E-E_i)m^*(E)}}{\hbar} \qquad (II.30)$$

Avec :

$$m^*(E) = m^*(E_i) + m^*(0)\frac{E - E_i}{E_{eff}} \qquad (II.31)$$

Ces équations nous ont permis de calculer les courbes de dispersion des sousbande 2 et 3 et de déterminer l'énergie radiative émise par chaque transition des sous-niveaux discrets de la sous bande 3 (figure II.25).

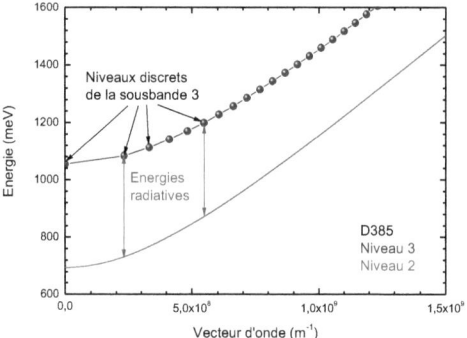

FIGURE II.25 - Courbe de dispersion des sousbandes 2 (en rouge) et 3 (en bleu) et exemples d'énergies radiatives émises lors de la transition des électrons de deux sous-niveaux discrets de la sousbande 3 (en vert) de la structure D385.

Nous avons ainsi pu déterminer l'énergie radiative associée à la densité électronique de chaque sous-niveau discret de la sous-bande 3 (figure II.26).

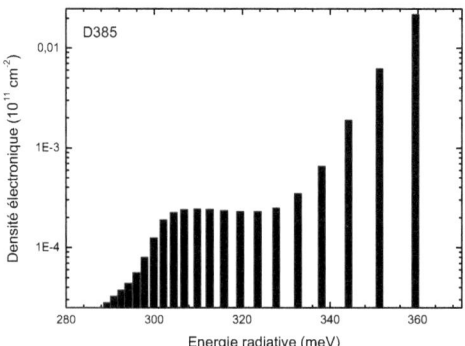

FIGURE II.26 - Simulation de la densité électronique du niveau 3 en fonction de l'énergie radiative émise lors des transitions de ses sous-niveaux discrets vers le niveau 2.

Nous présentons sur la figure II.27 une simulation de spectre de gain en tenant compte de ces distributions électroniques en énergie, une simulation qui la néglige et un spectre d'émission spontanée expérimental. Les spectres simulés ont été légèrement décalés en énergie pour se superposer au spectre expérimental. Le paramètre d'élargissement des transitions radiatives γ_{32} est le même pour toute la sous-bande, il a été ajusté à 7,5 % de l'énergie moyenne E_{32} pour être en accord avec le spectre expérimental.

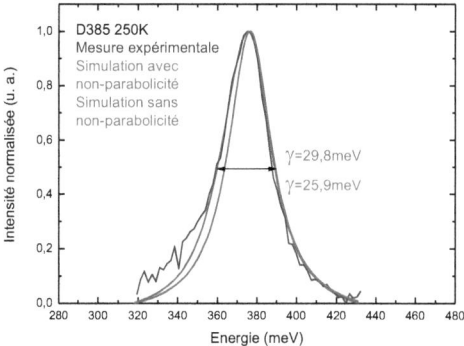

FIGURE II.27 - Spectre d'émission spontanée expérimental (en bleu) et simulations de spectre de gain en tenant compte de la distribution électronique en énergie (en vert) et en la négligeant (en rouge) pour la structure D385 à la température de 250 K.

La comparaison de la largeur à mi-hauteur des spectres simulés nous permet d'estimer l'effet de la non-parabolicité sur l'élargissement du gain, que nous calculons à 13 % de la largeur totale sur cette structure. Nous observons que la prise en compte de la non-parabolicité n'a pas un effet négligeable, en élargissant le spectre du côté des basses énergies.

II.4.5) Amélioration du design de zone active

La modélisation du transport électronique permet de mieux comprendre les structures existantes et leurs limites. Elle nous permet aussi d'améliorer les designs et zone active en mesurant l'impact sur le gain théorique des modifications envisagées.

Nous pouvons par exemple évaluer l'influence de la variation du dopage de la zone active sur la structure D385 initialement dopée 3×10^{11} cm^{-2} (figure II.28).

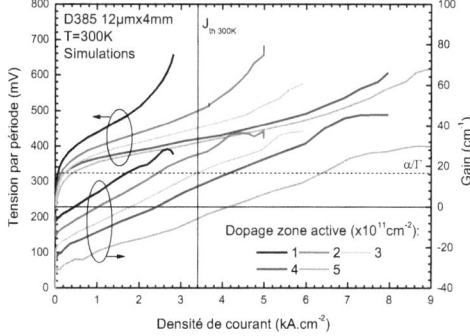

FIGURE II.28 - Simulations V(J) et G(J) de la structure D385 à une température de 300 K pour différentes valeurs de dopage de la zone active. Le dopage de la structure D385 expérimentale est de 3×10^{11} cm^{-2}.

Nous observons qu'un dopage fort augmente la densité de courant maximum de la structure mais réduit sa densité de courant de seuil en augmentant l'absorption par porteurs libres [Aellen, 2006]. Un dopage de 2×10^{11} cm^{-2} semble être le meilleur compromis, la dynamique de courant (le rapport entre la densité de courant de seuil et maximum) est meilleure que celle d'avec le dopage initial et la densité de courant de seuil est réduite d'environ 1 kA.cm^{-2}.

Si nous modifions l'épaisseur de la barrière d'injection sur cette structure (figure II.29), initialement de 25,5 Å, nous observons qu'une barrière plus épaisse va limiter la dynamique de courant et qu'une barrière plus fine va repousser le seuil. Le courant circule alors trop tôt, avant que l'alignement ne permette une dépopulation du niveau 2 suffisante, et le courant de transparence est augmenté [Howard, 2008]. De celles testées, l'épaisseur de barrière initiale est cette fois la plus appropriée.

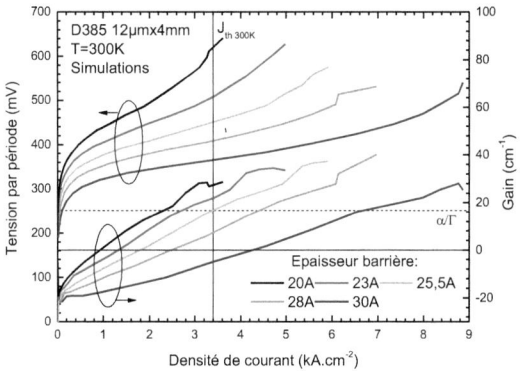

FIGURE II.29 - Simulations V(J) et G(J) de la structure D385 à une température de 300 K pour différentes épaisseurs de barrière d'injection. L'épaisseur de la barrière d'injection la structure D385 expérimentale est de 25,5 Å.

Nous avons observé l'évolution des performances théoriques en ne faisant varier qu'un seul paramètre. Pour optimiser la dynamique et le courant de transparence, il est nécessaire de faire varier à la fois l'épaisseur de la barrière d'injection et le dopage. Ce modèle nous permet justement de déterminer les performances théoriques optimales sans lancer de lourds tests expérimentaux.

Nous pouvons aussi explorer des dessins de puits actifs différents, comme par exemple un dessin basé sur une transition du niveau 3 vers le niveau 2 diagonale (figure II.30)

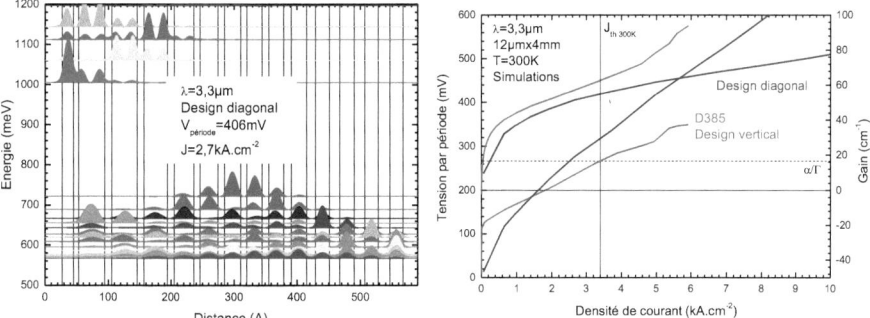

FIGURE II.30 - Diagramme de bande d'un design diagonal émettant à 3,3 µm de longueur d'onde (à gauche) et simulations V(J) et G(J) (à droite) de ce design (en bleu) et de la structure D385 (en rouge) à une température de 300 K.

Ce design est plus dopé, à $5,5 \times 10^{11}$ cm^{-2}, et a donc une plus grande densité de courant maximum mais n'est pas pour autant pénalisé sur son seuil. Ceci tient à son design de type diagonal [Faist, 2002], pour lequel le niveau 3 est majoritairement délocalisé dans un puits isolé. Le recouvrement de sa fonction d'onde avec le niveau 2 est par conséquent plus faible. Sa force d'oscillateur avec le niveau 2 est alors moins élevée (figure II.31 à droite) mais son temps de vie en en est rallongé (figure II.31 à gauche).

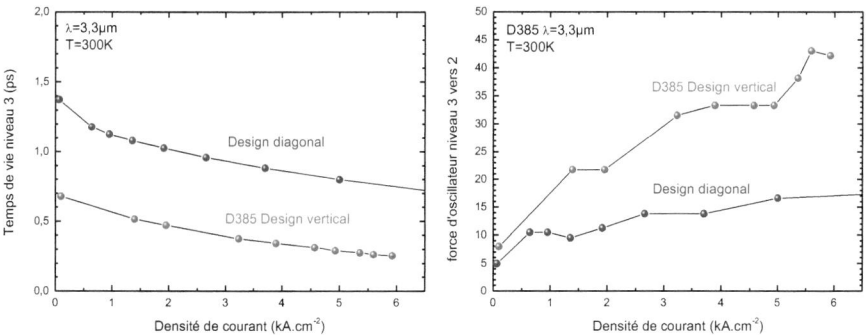

FIGURE II.31 - Simulations du temps de vie du niveau 3 (à gauche) et de la force d'oscillateur entre le niveau 3 et le niveau 2 (à droite) d'un design diagonal (en bleu) et de la structure D385 (en rouge) à une température de 300 K.

Une différence importante se situe aussi dans le rendement d'injection (figure II.32), 30 % meilleur sur le design diagonal pour lequel le niveau 3 est beaucoup plus couplé avec le niveau bas de l'injecteur de la période précédente.

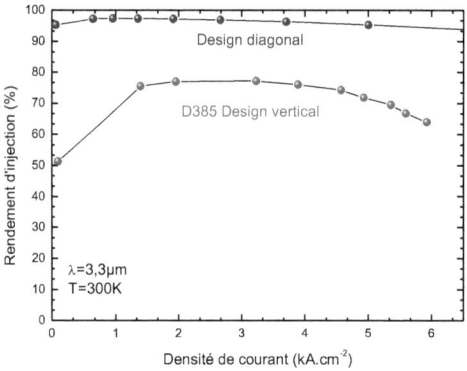

FIGURE II.32 - Simulations du rendement d'injection d'un design diagonal (en bleu) et de la structure D385 (en rouge) à une température de 300 K.

Un tel design a été réalisé expérimentalement. Il s'est avéré que cette structure, la D416 fonctionnait mieux à haute température mais avait tout de même un moins bon seuil à température ambiante que la D385 (figure II.33).

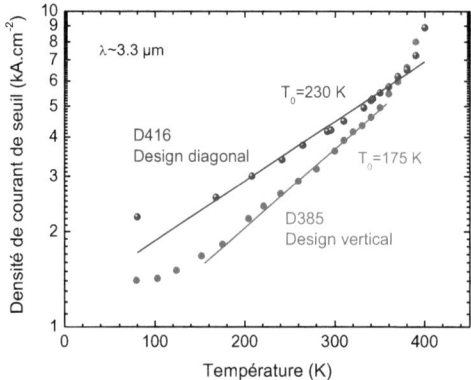

FIGURE II.33 - Densités de courant de seuil en fonction de la température de la structure D385 à design vertical (en bleu) et de la D416 (en rouge).

Cette différence avec les simulations tend à montrer que nous sous-estimons sans doute un peu le temps de diffusion du niveau 3 ou la population thermique du niveau 2. Une autre explication pourrait être que la largeur de la transition diagonale est plus importante que la verticale.

II.5) Validation du modèle sur une grande gamme de longueurs d'onde

Les simulations sont en revanche conformes à l'expérience pour les designs à transition verticale quelle que soit la longueur d'onde d'émission. C'est ce que nous allons vérifier dans cette section en comparant les mesures expérimentales et les résultats des simulations réalisées sur des structures de longueurs d'onde de 9,3 et 20 µm.

La structure émettant à 9,3 µm de longueur d'onde que nous allons étudier est la D628. Nous l'avons choisie car elle fera l'état d'une étude approfondie dans le chapitre IV (feuille de croissance en annexe). Son design de zone active est présenté sur la figure II.34 à gauche. Les lasers de cette structure de 3,6 mm de long pour 15 µm de large ont une densité de courant de seuil de 2,2 kA.cm^{-2} à température ambiante et de 0,8 kA.cm^{-2} à 80 K en régime pulsé (figure II.34 à droite).

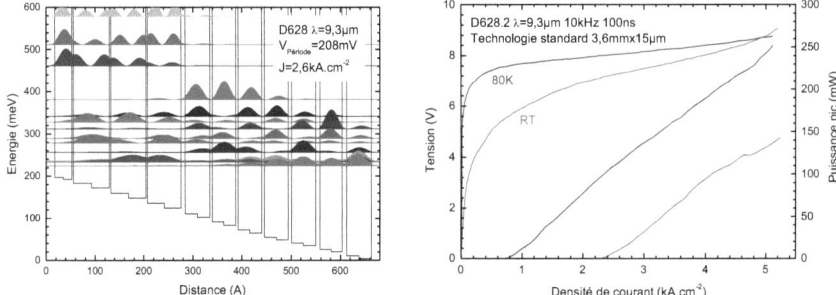

FIGURE II.34 - *Diagramme de bande de la structure D628 émettant à 9,3 µm de longueur d'onde (à gauche) et caractéristiques V(J) et P(J) en régime pulsé (à droite) d'un laser de cette structure de 3,6 mm de long et 15 µm de large aux températures de 300 K (en rouge) et 80 K (en bleu).*

Celle émettant 20 µm de longueur d'onde est la BM08 (feuille de croissance en annexe), dont le design de zone active et les caractéristique V(J) et P(J) sont présentés sur la figure II.35. Cette structure fonctionne en régime pulsé jusqu'à une température de 305 K à une densité de courant de seuil de 4,4 kA.cm^{-2} pour des lasers de 2,9 mm de longueur et 50 µm de largeur.

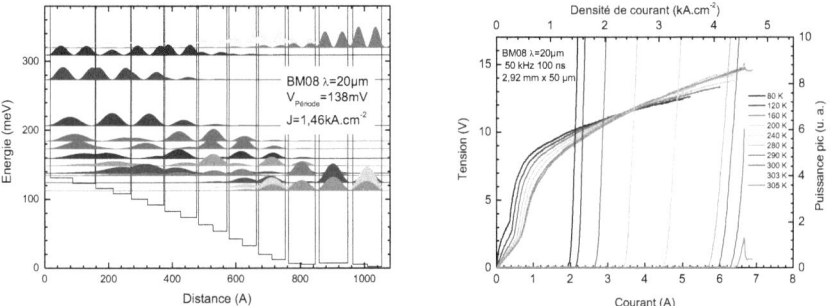

FIGURE II.35 - *Diagramme de bande de la structure BM08 émettant à 20 µm de longueur d'onde (à gauche) et caractéristiques V(J) et P(J) en régime pulsé (à droite) d'un laser de cette structure de 2,9 mm de long et 50 µm de large à différentes températures.*

Nous avons choisi cette structure en vertu de ses performances record. Les composants de cette structure sont en effet les lasers à semiconducteur fonctionnant à température ambiante ayant la plus grande longueur d'onde d'émission. Le design de cette structure a été optimisé grâce au modèle de transport électronique décrit dans ce chapitre. Ces résultats ne seront pas plus développés ici car ils font l'objet de la thèse de Guillaume Lollia.

Nous avons réalisé des simulations sur ces structures en considérant une largeur à mi-hauteur du spectre de gain de 10 % et un coefficient α_{el} identique à celui de la D385 de 0,2 K.cm^2.A^{-1}.V^{-1}. Nous pouvons constater que les densités de courant de seuil simulées à différentes températures se superposent bien avec les données expérimentales (figure II.36).

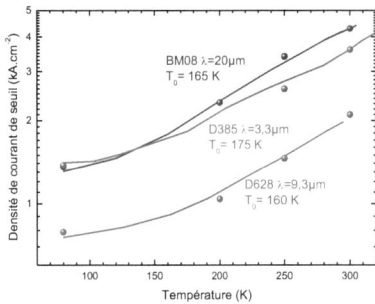

FIGURE II.36 – Densité de courant de seuil en fonction de la température des structures D385 (en vert), D628 (en rouge) et BM08 (en bleu). Les mesures expérimentales sont représentées par des traits pleins et les simulations par des ronds. Nous avons considéré un seuil laser atteint pour des gains de 16,7 cm^{-1} pour la structure D385, 14,1 cm^{-1} pour la D628 et 70 cm^{-1} pour la BM08.

Pour obtenir des densités de courant de seuil conformes aux mesures expérimentales, nous avons dans un premier temps sélectionné des couples de longueur de corrélation Λ et de hauteur moyenne de la rugosité Δ (cf. équation (II.13)) qui étaient différents pour chaque structure. L'exploration de différentes longueurs d'onde nous a permis de déterminer de façon empirique l'un et l'autre de ces paramètres (figure II.37) qui sont désormais fixes notre modèle (Δ=0,53 Å et Λ=45 Å).

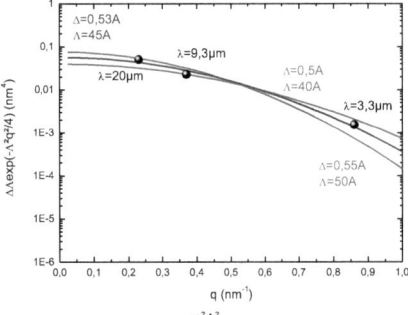

FIGURE II.37 – Simulations du facteur $\Delta^2\Lambda^2 e^{-\frac{q^2\Lambda^2}{4}}$ de la diffusion par rugosité d'interface du niveau 3 vers le niveau 2 des structures D385, D628 et BM08 (ronds noirs) et en fonction de la norme du vecteur de diffusion q pour trois couples Δ et Λ (traits en couleurs).

Le paramètre le plus changeant avec la longueur d'onde d'émission est la masse effective du niveau 3, qui augmente linéairement avec la différence en énergie de ce niveau avec le bas de la bande de conduction (cf. équation (II.5)). Pour les structures à 3,3, 9,3 et 20 µm, la masse effective en bas de ce niveau est respectivement de 0,072, 0,04 et 0,031. La force d'oscillateur du niveau 3 vers le niveau 2 augmente alors avec la longueur d'onde (figure II.38). La force d'oscillateur de la structure BM08 est d'autant plus grande que, lors de la conception de son design, nous avons souhaité augmenter le plus possible le recouvrement des fonctions d'onde des niveaux 3 et 2.

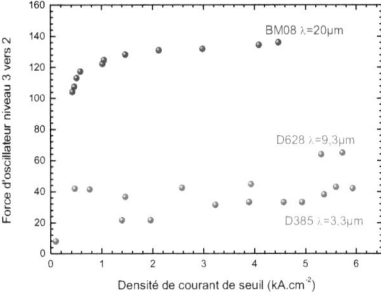

FIGURE II.38 – Simulations de la force d'oscillateur du niveau 3 vers le niveau 2 en fonction de la densité de courant à une température de 300 K des structures D385 (en vert), D628 (en rouge) et BM08 (en bleu)

Si le temps de diffusion des électrons est inversement proportionnel à leur masse effective, il va cependant augmenter avec le vecteur d'onde échangé (cf. équation II.13 et II.14). Le temps de diffusion du niveau 3 aura donc tendance à diminuer avec l'augmentation de la longueur d'onde, comme nous pouvons l'observer sur la figure II.39.

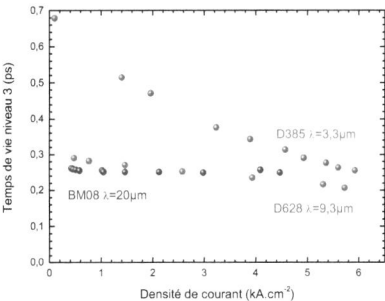

FIGURE II.39 – Simulations du temps de diffusion du niveau 3 en fonction de la densité de courant à une température de 300 K des structures D385 (en vert), D628 (en rouge) et BM08 (en bleu).

Le rapport de ces deux paramètres est largement favorable aux structures de grandes longueurs d'onde qui, par conséquent, pourvoient un meilleur gain. Cependant, si les QCLs sont plus performants à 9,3 µm qu'à 3,3 µm, ils le sont moins à 20 µm. Car, à cette longueur d'onde, les absorptions par porteurs libres assistés par les mécanismes de diffusion [Carosella, 2012] deviennent importantes, ce qui explique les pertes élevées estimées pour la structure BM08 [Lollia, 2014].

II.6) Conclusion

Le modèle de transport électronique que nous avons développé s'est avéré très utile. Il nous a aidé à réaliser des analyses approfondies du fonctionnement des QCLs et nous a permis d'améliorer les designs de zone active et, en conséquence, les performances des lasers.

En enrichissant ce modèle, en y intégrant des niveaux discrets dans chaque sousbande, nous avons été en mesure d'évaluer la distribution en énergie des électrons sous l'effet de l'injection de courant. Cela nous a aussi permis d'estimer la part de la non-parabolicité dans l'élargissement du gain.

Ce modèle a été testé pour des designs très différents, émettant de moins de 3 à plus de 20 µm avec des paramètres pertinents pour toutes ces longueurs d'onde.

Chapitre III : Lasers à cascade quantique à contre réaction répartie

III.1) Introduction

La technique la plus simple de spectroscopie d'analyse de gaz par absorption moléculaire est la suivante. On éclaire un milieu gazeux avec un faisceau laser dont la longueur d'onde est modulée autour d'une des raies d'absorption de la molécule gazeuse à analyser. Nous collectons le faisceau à la sortie de ce milieu avec un détecteur et vérifions si le signal reçu est atténué à la longueur d'onde de la raie d'absorption. Cela nous permet de savoir si le gaz en question est présent et nous renseigne sur sa concentration.

Les raies d'absorption des molécules à analyser sont souvent proches voisines de celles d'autres molécules. Il est donc nécessaire que les lasers des dispositifs de spectroscopie aient un spectre d'émission très fin, monochromatique et à une longueur d'onde bien précise, car il risque sinon d'être également absorbé par les autres molécules, et rendre l'analyse très complexe.

Dans un laser, le premier mode de cavité à avoir suffisamment de gain pour égaler les pertes est, en théorie, le seul à entrer en régime d'émission laser, un laser est donc sensé être monomode. Dans les faits, une compétition s'opère entre les modes de cavité, sous l'effet de mécanismes tels que le spatial hole burning, et un laser est multimode.

Une solution pour se défaire des modes non désirés est d'équiper un laser d'un filtre spectral très sélectif. Les filtres spectraux les plus couramment utilisés sur les QCLs sont un réseau de diffraction en cavité externe [Maulini, 2006] et le réseau DFB (pour « Distributed FeedBack ») intégré sur le ruban laser [Faist, 1997].

Dans le cadre de ce travail de thèse, j'ai cherché à réaliser des QCLs DFB aux longueurs d'onde d'émission de 3,3 µm et 10,5 µm, dans le but de les utiliser pour la spectroscopie d'analyse de gaz par absorption du méthane et de l'éthylène [Rouillard, 2012] [Hitran].

III.2) Le laser à contre réaction répartie

III.2.1) Principe de fonctionnement

Un réseau DFB est un résonateur de Bragg couplé au mode optique d'un laser [Kogelnik, 1971]. Il va agir comme un filtre spectral et sélectionner la longueur d'onde d'émission du laser.

Un réseau de Bragg est composé d'une alternance périodique de deux milieux d'indices de réfraction différents (figure III.1). Les ondes qui se propagent dans ce réseau vont être partiellement réfléchies à chaque interface entre les deux milieux.

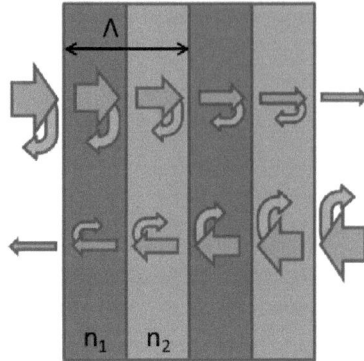

FIGURE III.1 - Schéma d'un résonateur de Bragg.

Ces réflexions vont générer des interférences destructives et constructives qui vont engendrer deux ondes stationnaires ayant chacune, pour les réseaux d'ordre 1, leur ventre dans un milieu et leur nœud dans l'autre (figure III.2).

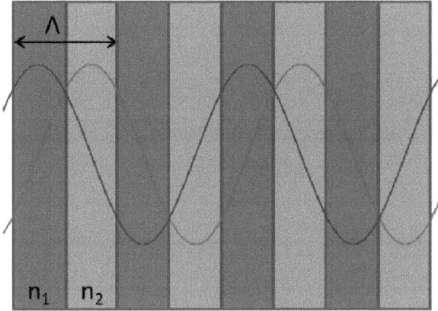

FIGURE III.2 - Schéma des deux ondes stationnaires générées par le réseau.

Leurs longueurs d'onde λ_B dans le vide, que l'on appelle longueur d'onde de Bragg, vérifient la condition :

$$\Lambda = \frac{\lambda_B}{2n_{eff}} m \qquad (III.1)$$

Avec Λ la période du réseau et n_{eff} l'indice effectif de l'onde et m un entier correspondant à l'ordre du réseau.

Les deux modes vont avoir le même vecteur d'onde mais des énergies différentes. Le mode ayant son ventre dans le milieu de plus fort indice va avoir une énergie plus faible que celui dont le ventre est dans le milieu d'indice le plus bas. Ces deux modes sont appelés, par analogie avec l'électronique, mode de bord de bande de valence et mode de bord de bande de conduction.

La gamme d'énergie comprise entre celles de ces deux modes s'appelle la bande interdite photonique (figure III.3). Elle correspond aux pulsations pour lesquelles les multiples réflexions dans le résonateur sont destructives.

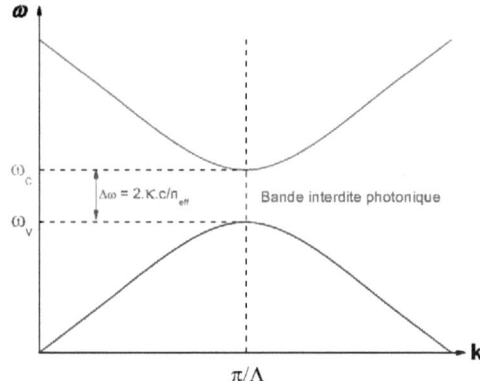

FIGURE III.3 - Schéma d'un diagramme de dispersion dans un résonateur de Bragg.

La largeur de la bande interdite photonique définit la force de couplage du réseau κ selon la relation :

$$\kappa = \frac{\Delta\omega}{2c} n_{eff} \quad (III.2)$$

Où c est la vitesse de la lumière dans le vide, n_{eff} l'indice effectif moyen des deux modes du réseau et $\Delta\omega$ l'écart en pulsation de ces modes.

Dans le cas où la force du couplage repose uniquement sur la différence d'indice effectif des deux modes, nous pouvons déduire le facteur de couplage κ de la relation :

$$\kappa = \pi \frac{\Delta n_{eff}}{2\lambda_B} \quad (III.3)$$

Où Δn_{eff} correspond à la différence d'indice effectif des deux modes.

Même dans le cas où un fort facteur de couplage n'induit pas de pertes optiques supplémentaires, il est préférable que celui-ci ne soit pas trop élevé. En effet, comme illustré sur la figure III.4, si le produit du facteur couplage κ avec la longueur de cavité L est trop fort, la lumière est presque intégralement piégée à l'intérieur de la cavité et la puissance émise est très faible. En revanche si ce produit est trop faible, l'émission ne sera pas filtrée spectralement et sera multimode. Le produit κL idéal a une valeur autour de l'unité, pour laquelle nous avons un bon compromis entre la puissance émise et la qualité d'émission.

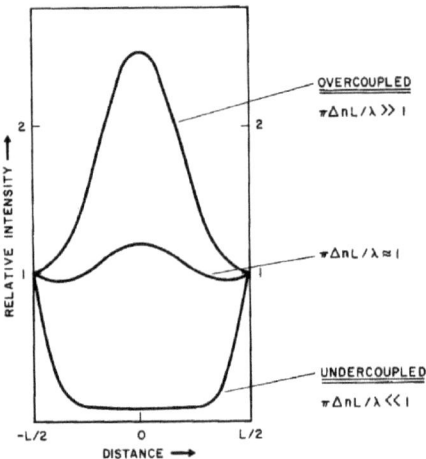

FIGURE III.4 - Répartition de l'intensité relative du champ dans une cavité couplée avec un réseau DFB dans les cas d'un couplage trop fort, trop faible et idéal [Kogelnik, 1972].

III.2.2) Le réseau DFB de surface métallique

Les lasers DFB que nous concevons, illustrés sur la figure III.5, ont un réseau DFB de surface métallique. Le couplage avec le réseau va se réaliser via la partie évanescente du champ électrique du mode optique qui pénètre dans ce réseau. Ce type de réseau est le filtre spectral usuellement réalisé sur les QCLs [Carras, 2008].

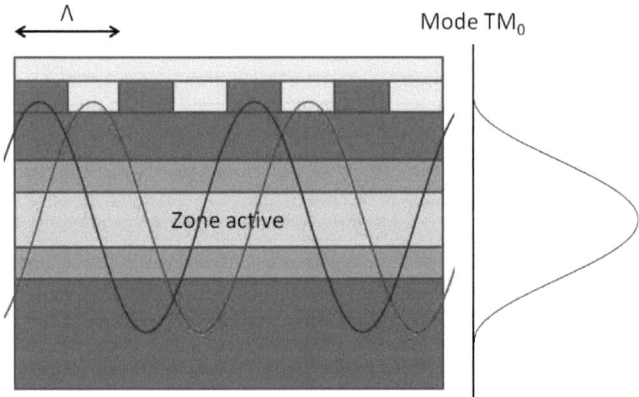

FIGURE III.5 - Schéma d'un QCL DFB à réseau de surface métallique.

Dans ce cas, la force de couplage du réseau ne va pas dépendre uniquement de la différence d'indice des deux modes DFB mais aussi de leurs différences de pertes optiques et de gain modal. Le facteur de couplage va alors avoir une composante réelle et une composante imaginaire selon la relation [Kogelnik, 1972] :

$$\kappa = \pi \frac{\Delta n_{eff}}{2\lambda_0} + \frac{i}{4}(\Delta\alpha + \Delta\Gamma g_{th})$$ (III.4)

Où Δn_{eff} correspond à la différence d'indice effectif des deux modes DFB, $\Delta\alpha$ leur différence de pertes, $\Delta\Gamma$ leur différence de recouvrement avec la zone active, g_{th} leur gain au seuil laser et λ_0 leur longueur d'onde moyenne dans le vide.

Avec cette configuration, un des deux modes, celui sous le métal, va avoir plus de pertes que l'autre et sera discriminé. L'émission laser sera donc plus facilement monomode alors qu'elle est susceptible d'être bimode dans le cas où le couplage n'est réalisé que par l'indice.

III.2.3) Les autres configurations de laser DFB

Il existe d'autres types de configuration de laser DFB que celle à réseau de surface. Je vais maintenant vous décrire brièvement les plus courantes d'entre elles.

Le réseau enterré, illustré sur la figure III.6, est couramment utilisé, notamment sur les lasers télécom à puits quantiques [Nakamura, 2000] et les QCLs de la filière InP [Yu, 2005]. Pour ce type de réseau, l'épitaxie va être arrêtée juste après la croissance de la zone active. La gravure du réseau a ensuite lieu directement sur la zone active. La structure va ensuite être soumise à une reprise d'épitaxie pour y faire croître les couches de confinement optique supérieures.

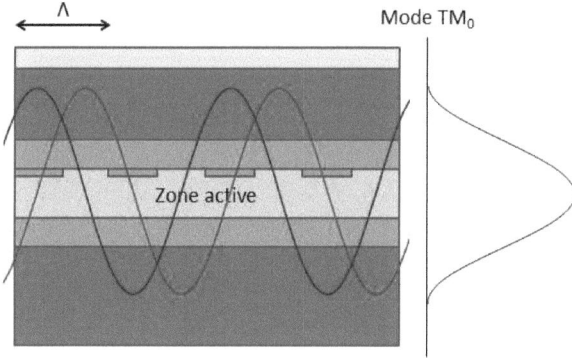

FIGURE III.6 - Schéma d'un QCL DFB à réseau enterré.

Les QCLs DFB à réseaux enterrés ont l'avantage d'avoir un couplage efficace, car leur réseau, qui se trouve à proximité immédiate du maximum du champ, est fortement couplé avec le mode optique. Ils offrent en plus la possibilité de réaliser des réseaux engendrant peu de pertes car il ne nécessite pas de réduction d'épaisseur de cladding.

Nous n'avons cependant pas pu retenir cette solution car la reprise d'épitaxie est une technique difficile à maîtriser sur la filière des antimoniures.

Le réseau latéral est souvent utilisé sur les lasers interbandes. Le réseau est alors réalisé à proximité des flancs de la zone active, soit par gravure latérale du guide d'onde [Martin, 1995], soit, comme illustré sur la figure III.7, par dépôt d'un réseau métallique à côté du ruban [Naehle, 2011]. Sa réalisation est beaucoup plus complexe que celle des réseaux de surface.

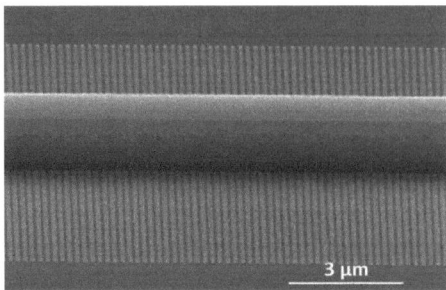

FIGURE III.7 – Photographie MEB d'un laser DFB à réseau métallique latéral.

Il est également possible de réaliser des réseaux DFB d'ordres supérieurs. Un réseau DFB de surface d'ordre 2 est illustré sur la figure III.8. Ce type de réseau est en général plus facile à réaliser pour les courtes longueurs d'onde car son pas est deux fois plus grand que pour l'ordre 1. Il permet aussi d'extraire une partie de l'émission laser par la surface. Ce qui peut être utile pour les QCLs de grande longueur d'onde, pour lesquels il y a une faible efficacité d'émission des facettes [Xu, 2012], et pour l'intégration sur une puce à émission par la surface [Maisons, 2009].

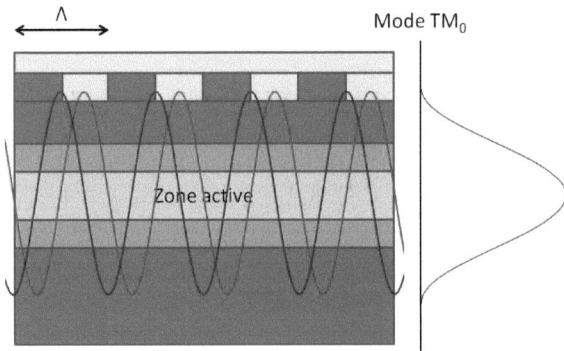

FIGURE III.8 - Schéma d'un QCL DFB à réseau d'ordre 2.

Ce réseau engendre néanmoins plus de pertes optiques, car les modes DFB vont avoir leurs ventres répartis sur les milieux de faibles et fortes pertes. Ne cherchant pas d'émission de surface et étant aptes à réaliser des réseaux d'ordre 1 pour les longueurs d'onde entre 3 et 11 µm que nous étudions, nous n'avons pas choisi cette option.

III.3) Modélisations optiques des QCLs DFB

III.3.1) Description du fonctionnement des simulations optiques

Pour déterminer les paramètres qui nous permettrons d'obtenir un bon facteur de couplage tout en maintenant des pertes optiques faibles, nous avons dans un premier temps réalisé des simulations optiques de QCLs DFB. Pour ce faire, nous avons utilisé le logiciel COMSOL, capable de résoudre l'équation d'Helmholtz, présentée ci-dessous, par la méthode des éléments finis.

$$\Delta E + k_0^2 (n^2 - n_{eff}^2) E = 0 \qquad (III.5)$$

Où Δ est l'opérateur laplacien, n est l'indice complexe du matériau et n_{eff}, k_0 et E sont respectivement l'indice effectif complexe, le vecteur d'onde et le champ électrique du mode guidé.

Le schéma de la figure III.9 nous renseigne sur les différents paramètres de modélisation de la structure D542 émettant à 3,3 µm, qui a une zone active composée 25 périodes un peu plus dopées mais sinon similaires à celles de la structure D385 détaillée dans la partie II.4. La modélisation est réalisée dans le plan de l'axe de croissance et de l'axe de propagation.

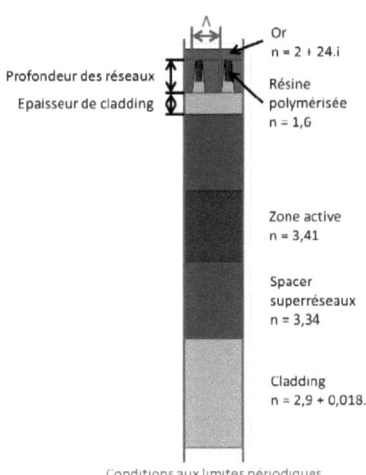

FIGURE III.9 - Schéma d'une modélisation optique d'un QCL DFB et ses différents paramètres de modélisation.

Cette structure est composée d'un cladding inférieur de 1,8 µm d'épaisseur composé d'InAs dopé N avec 5 x 10^{19} cm^{-3} de silicium. Son indice a été calculé à 2,9 pour la partie réelle et 0,018 pour la partie imaginaire à partir du modèle de Drude [Ashcroft, 1976] [Jensen, 1985] [Devenson, 2008].

Les spacers superréseaux d'InAs/AlSb (20 Å/20 Å) et la zone active, respectivement de 1,4 et 1,3 µm d'épaisseur, ont été modélisés avec des indices de 3,34 et 3,41 calculés à partir des indices de l'InAs et l'AlSb à 3,3 µm au prorata de leurs parts dans ces couches. Ils sont considérés sans pertes optiques.

L'épaisseur du cladding supérieur, de nature identique au cladding inférieur, et la profondeur des réseaux sont les paramètres variables de nos simulations.

Les réseaux sont modélisés en conformité avec nos réalisations technologiques (cf. III.4), ils sont constitués de plots trapézoïdaux dont le sommet est composé de résine polymérisée d'indice 1,6 considérée sans pertes. Le reste des trapèzes est constitué d'InAs de même nature que les claddings. En dehors de ces plots, les réseaux sont remplis d'or d'un indice de 1,9 pour la partie réelle et de 20,5 pour la partie imaginaire [Palik, 1997]. Les réseaux sont surmontés de 200 nm d'or.

Le pas du réseau fixe le vecteur d'onde des modes. Le composant est modélisé sur deux périodes de réseau, des conditions aux limites périodiques nous permettent de simuler des lasers de longueur infinie.

De ces simulations nous pouvons extraire les deux solutions propres de l'équation d'Helmholtz correspondant aux modes DFB, représentées en intensité sur la figure III.10. Les simulations nous donnent les pulsations complexes des modes propres. A partir de leurs parties réelles ω', nous pouvons calculer le facteur de couplage en utilisant l'équation (III.2). Leurs parties imaginaires ω'' nous permettent de déduire les pertes optiques α de chaque mode d'après la relation :

$$\alpha = \frac{2n_{eff}\omega''}{c} \qquad (III.6)$$

Où n_{eff} est l'indice effectif moyen des deux modes calculé à partir de l'équation (III.1).

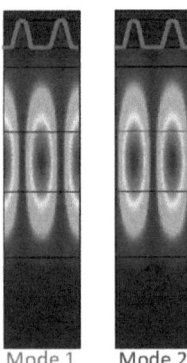

Mode 1   Mode 2

FIGURE III.10 - Solutions d'une simulation optique d'un QCL DFB.

III.3.2) Résultats des simulations

Les résultats des simulations sur la structure D542 sont retranscris sur la figure III.11.

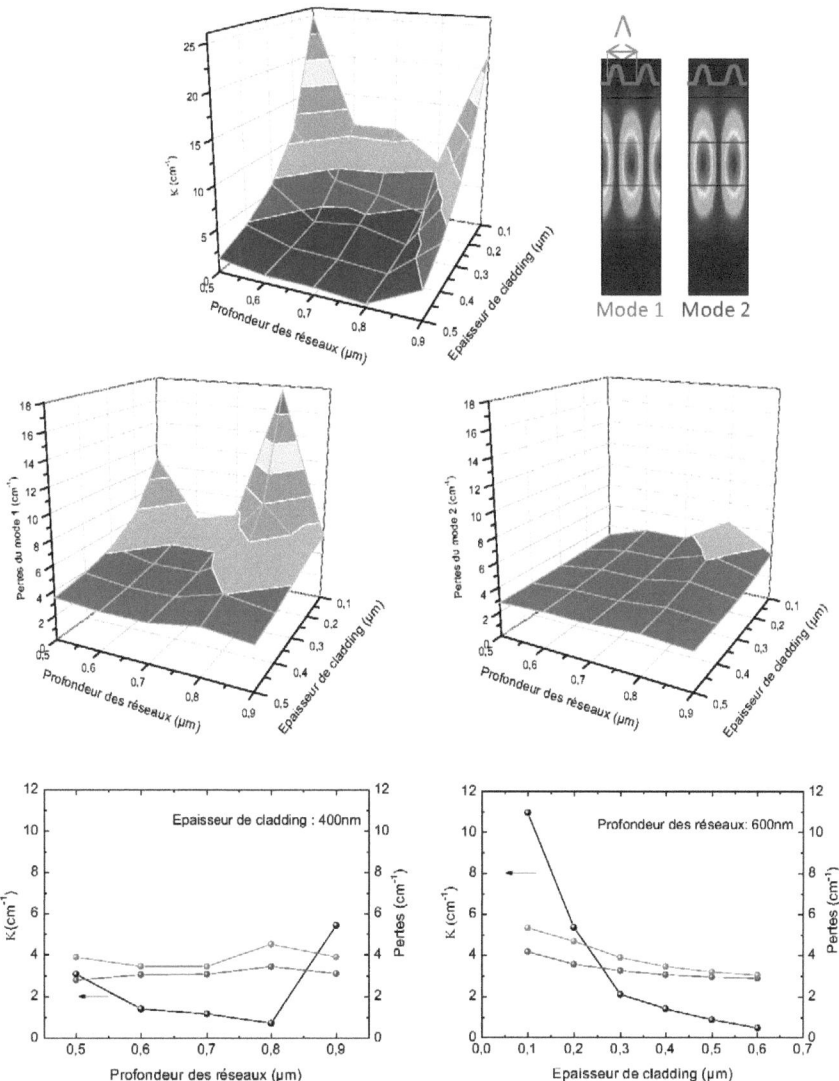

FIGURE III.11 - Simulations du facteur de couplage et des pertes des deux modes DFB en fonction de l'épaisseur du cladding supérieur et de la profondeur des réseaux.

Avant de commencer cette analyse, il est important de signaler que les facteurs de couplages et les pertes simulés sont un peu sous-estimés. Ces simulations permettent cependant de révéler une tendance réelle de l'influence des différents paramètres sur ceux-ci.

Nous observons que le facteur de couplage va augmenter exponentiellement en réduisant l'épaisseur du cladding, quelle que soit la profondeur des réseaux. Il en est de même pour les pertes des deux modes qui ont un recouvrement avec le métal exponentiellement croissant en réduisant l'épaisseur du cladding. Le mode 2, localisé principalement sous le semiconducteur, est cependant considérablement moins affecté par la réduction de l'épaisseur du cladding car il pénètre beaucoup moins dans le métal.

Les forts couplages simulés pour les claddings fins et les profondeurs de réseaux de 500 nm et 900 nm sont la conséquence du couplage des modes DFB avec un mode de plasmons de surface localisé dans le réseau [Bousseksou, 2008].

Ce couplage est parfois visible sur les simulations quand nous sommes proches de l'anti-croisement entre le mode de plasmons de surface, localisé à l'interface du métal et du cladding, et le mode DFB, localisé sous le métal (figure III.12).

FIGURE III.12 - Simulation d'un mode DFB fortement couplé avec un mode de plasmons de surface.

Le couplage des modes DFB avec les plasmons de surface a, d'après les simulations, des aspects séduisant, il permet en théorie d'avoir un fort facteur de couplage et un mode avec peu de pertes. Il nécessite cependant une très bonne maîtrise technologique de la géométrie des réseaux dont il est fortement dépendant.

Nos possibilités technologiques (cf. III.4.c) ne nous permettent pas d'ajuster aisément la géométrie de ces réseaux, nous avons donc décidé de contrôler le couplage par l'épaisseur des claddings, en gardant une profondeur de réseau de 0,6 à 0,8 µm pour laquelle les propriétés calculées dépendent peu de sa géométrie exacte.

III.4) Réalisation technologique de lasers à cascade quantique à contre réaction répartie

III.4.1) Amincissement du cladding

Pour pouvoir réaliser des études sur l'influence de l'épaisseur du cladding supérieur sur nos QCLs DFB, nous nous devons d'avoir une maîtrise précise son épaisseur.

Pour ce faire, nous avons introduit, lors des croissances, de fines couches d'arrêt de gravure de 20 Å d'AlSb à des intervalles de 100 nm dans les claddings en InAs (figure III.13). En gravant sélectivement l'InAs avec une solution de $C_6H_8O_7 : H_2O_2$ (1 : 1) et l'AlSb avec une solution de $HF : H_2O$ (1 : 700), nous sommes en mesure d'obtenir une grande précision sur les épaisseurs gravées tout en ayant des surfaces de gravure lisses et homogènes. Il est à noter que les couches d'arrêt sont trop fines pour dégrader la qualité optique du guide d'onde ou la conduction du courant.

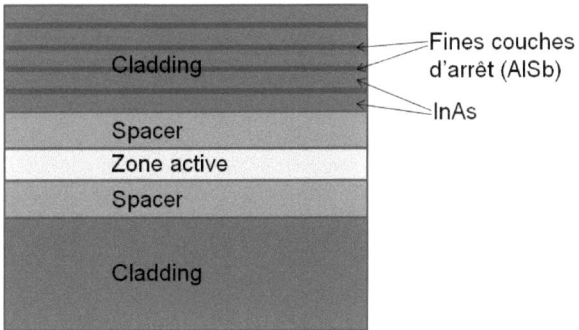

FIGURE III.13 - Schéma d'une structure QCL composée de couches d'arrêt en AlSb dans son cladding supérieur.

III.4.2) Lithographie holographique du réseau de Bragg

Le réseau de Bragg, gravé dans le cladding supérieur, est défini par lithographie holographique. La lithographie holographique présente l'avantage de pouvoir réaliser rapidement des réseaux de résine sur une surface d'échantillon relativement importante, contrairement à la lithographie électronique. Elle permet en plus d'ajuster facilement le pas des réseaux et d'obtenir des motifs de petites dimensions, ce qui n'est pas possible avec la lithographie optique classique.

La résine utilisée est de l'AZMIR701, une résine positive que nous diluons pour qu'elle ait une épaisseur réduite aux environs de 300 à 400 nm. Ceci nous permet d'avoir une meilleur résolution des motifs révélés par la lithographie holographique et une meilleur tenue de ceux-ci malgré leurs très petites dimensions, jusqu'à 120 nm de large pour les lasers de courtes longueurs d'onde.

Le dispositif interférentiel que nous utilisons pour nos lasers DFB de courte longueur d'onde est schématisé sur la figure III.14. Il est décrit en détails dans la thèse de mon prédécesseur [Cathabard, 2009b].

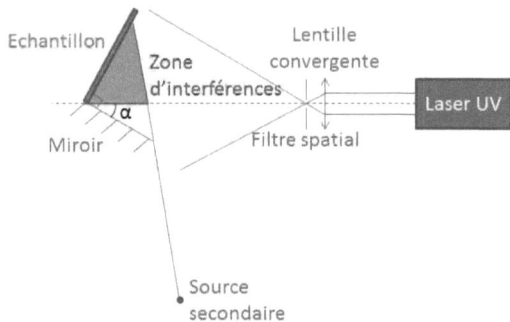

FIGURE III.14 - Schéma du dispositif interférentiel utilisé pour la lithographie holographique des réseaux des QCLs DFB d'ordre 1 de courte longueur d'onde. Les rayonnements de la source primaire et de la source secondaire interfèrent sur l'échantillon.

Ce dispositif est basé sur le principe du miroir de Lloyd. Sa source est un laser ultraviolet dont le rayonnement est focalisé par une lentille convergente sur un pinhole qui va le filtrer spatialement pour le débarrasser de ses modes parasites et rendre son faisceau parfaitement gaussien. La moitié de ce faisceau UV va ensuite directement insoler l'échantillon pendant que l'autre est préalablement réfléchie sur le miroir avant d'atteindre l'échantillon. Ceci va engendrer une différence de marche entre les deux moitiés de faisceau qui vont interférer sur la surface de l'échantillon.

Le pas du réseau Λ est alors déterminé par l'angle α entre l'axe optique du dispositif et le miroir d'après la relation :

$$\Lambda = \frac{\lambda_{UV}}{2 \sin \alpha} \tag{III.7}$$

Où λ_{UV} est la longueur d'onde du laser ultraviolet égale à 404 nm.

La surface holographiée va avoir une hauteur égale à celle du miroir, qui est carré de 5 cm de côté, pour une largeur w qui nous est donnée par l'équation :

$$w = \frac{L w_{miroir} \sin \alpha}{L \cos \alpha - w_{miroir}} \tag{III.8}$$

Avec w_{miroir} la largeur du miroir et L la distance entre la source principale (le filtre spatial) et l'axe de rotation du miroir et de l'échantillon, aux environs de 1,4 m. Pour un pas de 510 nm, adapté aux QCLs de 3,3 µm de longueur d'onde, la largeur de la surface holographiée est donc d'environ 2,2 cm.

Pour des lasers DFB d'ordre 1 de grande longueur d'onde, où le pas du réseau est donc grand et par conséquent l'angle α petit, la largeur de la surface holographiée sera petite, d'environ 0,6 cm pour un QCL de 10,5 µm avec un pas de réseau de 1,6 µm. Nous préférerons alors utiliser un autre dispositif interférentiel.

Le dispositif employé pour les lasers DFB de grande longueur d'onde est schématisé sur la figure III.15, il est basé sur le principe des miroirs de Fresnel. La source lumineuse, la lentille et le filtre spatial sont les mêmes mais ce sont cette fois les faisceaux réfléchis par deux miroirs qui vont interférer sur la surface de l'échantillon.

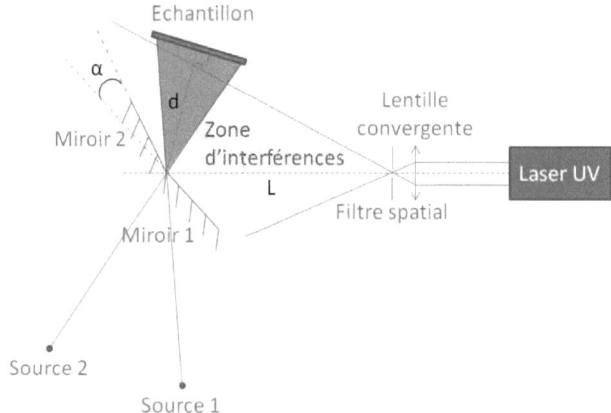

FIGURE III.15 - Schéma du dispositif interférentiel utilisé pour la lithographie holographique des réseaux des QCLs DFB d'ordre 1 de grande longueur d'onde.

Le pas du réseau nous est alors donné par la relation :

$$\Lambda = \frac{\lambda_{UV}}{2\sin\alpha}\left(1 + \frac{d}{L}\cos\alpha\right) \tag{III.9}$$

Où α est l'angle entre les deux miroirs, L est la distance entre le filtre spatial, d'environ 1,2 m, et l'axe de rotation des deux miroirs et d la distance entre cet axe et l'échantillon dont dépend cette fois le pas du réseau.

La surface holographiée a une hauteur égale à celle des miroirs, carrés de 5 cm de côtés. Sa largeur est ajustable en faisant varier la distance entre l'échantillon et l'axe de rotation des miroirs, d'après l'équation :

$$w = 2d\tan\alpha \tag{III.10}$$

Pour un QCL émettant à 10,5 µm pour lequel nous avons besoin d'un pas d'environ 1,6 µm, et pour un d de 10 cm, nous aurons un angle entre les miroirs de 7,86 ° et une largeur de surface holographiée de 2,7 cm.

Nous pouvons, lors de l'holographie, jouer sur le temps d'insolation pour faire varier le rapport cyclique du réseau. L'échantillon doit être insolé environ 1 min 30 sur les deux dispositifs interférentiels pour atteindre le seuil d'insolation de la résine. La densité de puissance optique en surface de l'échantillon est de 0,2 mW.cm^{-2} pour une puissance du laser de 30 mW. Des temps d'insolation plus importants vont réduire la largeur des motifs du réseau de résine, qui ne doivent cependant pas être moins larges qu'une centaine de nanomètres sous peine d'avoir une mauvaise tenue mécanique sur l'échantillon.

Cette technologie est très reproductible tant sur l'épaisseur de la résine que sur la qualité des motifs (figure III.16) et leur périodicité. Elle l'est en revanche un peu moins pour le rapport cyclique, qui dépend de l'intensité du faisceau lumineux du laser parfois un peu instable. Un contrôle de cette intensité avec une mesure de puissance lumineuse et, si nécessaire, plusieurs rallumages du laser nous permettent cependant d'obtenir les ouvertures de résine souhaitées.

FIGURE III.16 - Photographie MEB de réseaux de résine photosensible obtenus après la lithographie holographique.

Après l'insolation holographique, l'échantillon est ensuite soumis à un masquage supplémentaire de rubans en lithographie optique. Nous obtenons ainsi, après développement, des rubans de réseaux en résine.

III.4.3) Gravure du réseau de Bragg

Le réseau est ensuite transféré sur le cladding par gravure sèche à travers le masque de résine. La gravure est effectuée avec un plasma d'argon de type ICP (pour « Inductively Coupled Plasma »), c'est une gravure sputtering, de type physique. Le laboratoire ne disposait pas à cette époque de bâti RIE (pour « Reactive Ion Etching ») équipé d'une ligne chlorée nous permettant de réaliser des gravures chimiques.

La recette que nous utilisons, utilisant une puissance RF (Radio-Fréquence) de 200 W, grave le cladding à une vitesse d'environ 33 $nm.min^{-1}$.

Nous pouvons voir sur les figures III.17 que cette gravure nous permet d'obtenir un fond de gravure lisse et des réseaux de bonne qualité.

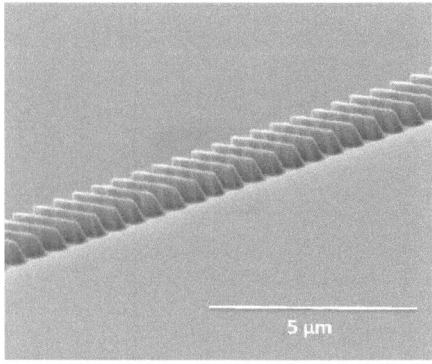 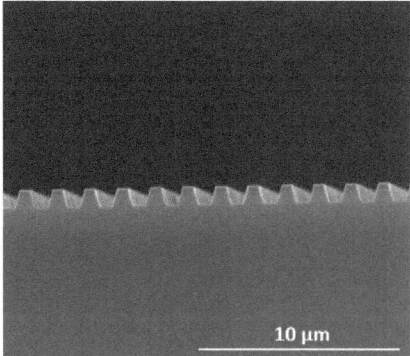

FIGURE III.17 - Photographies MEB d'échantillons après gravure sèche des réseaux.

La gravure sputtering n'a cependant pas que des avantages car une partie de l'InAs gravé lors de celle-ci a tendance à se redéposer sur la résine (figure III.18).

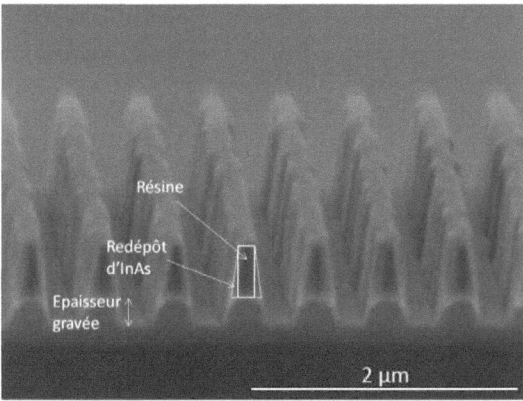

FIGURE III.18 - Photographie MEB de réseaux DFB après leur gravure sèche.

Ces redépôts vont entraîner un élargissement de la base des plots du réseau croissant avec la profondeur de gravure (figure III.19), ce qui va diminuer progressivement la vitesse de gravure jusqu'à la rendre presque nulle. Ce phénomène est surtout limitant pour les lasers de courtes longueurs d'onde où la petite taille des ouvertures dans la résine, d'environ 370 nm avec un pas de 510 nm pour un laser à 3,3 µm, va limiter la profondeur de gravure accessible, à environ 300 nm.

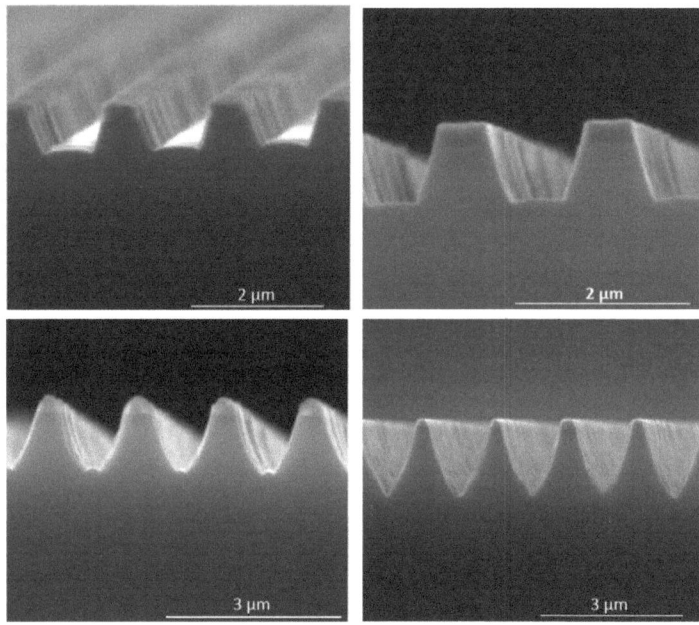

FIGURE III.19 - *Photographies MEB de réseaux DFB d'ordre d'un QCL de grande longueur d'onde suite à des gravures sèches de 12 min, 18 min, 30 min et 36 min (de gauche à droite puis de haut en bas). Les profondeurs gravées sont respectivement d'environ 470 nm, 630 nm, 1 µm et 1,5 µm.*

De plus, les redépôts d'InAs, qui forment une « coquille » autour de la résine, la rendent extrêmement compliquée à enlever (figure III.20) sans l'usage d'une petite attaque d'$H_3PO_4 : H_2O_2 : H_2O$ (2 : 1 : 2) puis d'un bain d'acétone sous ultrasons qui endommagent tous deux les réseaux. Pour cette raison, nous avons décidé de ne pas enlever cette résine mais de la consolider en la polymérisant. Pour ce faire, nous plaçons, après la gravure, notre échantillon dans une étuve à 200°C pendant une heure.

FIGURE III.20 - *Photographie MEB de réseaux DFB après gravure sèche puis bain d'acétone prolongé.*

Les étapes technologiques qui suivent sont identiques à celles de la technologie standard, présentée dans la partie I.6, avec quelques différences détaillées ci-dessous.

Nous prenons soin, lors du masquage d'avant gravure des mésas, de réaliser des rubans de résine plus larges de 7 µm que les réseaux. Ceci évite que, sous l'effet de la sous gravure, les rubans ne soient plus étroits que les réseaux, qui déborderaient dans le vide et seraient fragilisés.

Après la polymérisation de la résine d'isolation dans l'étuve, nous exposons notre échantillon à un plasma d'oxygène de 30 secondes pour bien nettoyer les sillons du réseau et ainsi nous assurer un bon contact ohmique.

Lors de la métallisation, nous déposons quatre couches : 15 nm de chrome, 150 nm d'or, 15 nm de chrome et au moins 150 nm d'or au lieu des deux couches habituelles de 20 nm de chrome et 200 nm d'or. Ceci nous permet d'éviter, pour nos lasers soudés tête en bas, que l'alliage qui se forme entre l'or et l'indium de la soudure ne dégrade les qualités optiques du guide d'onde dont le cladding supérieur est fin.

Les photographies réalisées au microscope électronique de la figure III.21 nous montrent des lasers finalisés.

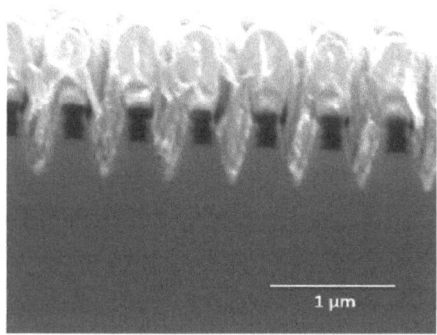

FIGURE III.21 - *Photographie MEB d'une vue en coupe de réseaux DFB et de la facette d'un QCL DFB une fois la technologie terminée.*

Cette réalisation technologique nous permet d'obtenir des réseaux DFB robustes et de bonne qualité. S'il est difficile d'anticiper l'impact des modifications du temps de gravure et des ouvertures dans la résine sur la géométrie des réseaux, à protocole expérimentale constant cette technologie est toujours reproductible et a un haut rendement.

III.5) Résultats expérimentaux

III.5.1) Ajustement du pas du réseau

Avant de démarrer une technologie DFB sur une nouvelle structure, nous réalisons une technologie standard qui nous servira de référence.

Pour que les lasers de la technologie DFB aient une émission monomode, il faut adapter le pas du réseau à la longueur d'onde d'émission de la zone active. Il est pour cela nécessaire de connaître, d'après l'équation (III.1), la longueur d'onde d'émission, que nous connaissons grâce aux mesures sur les lasers Fabry-Pérot de la technologie standard, et l'indice effectif du mode DFB, que nos simulations optiques nous délivrent avec une précision approximative.

Il est donc très souvent inévitable de réaliser deux technologies DFB avant d'obtenir une émission monomode à la longueur d'onde visée à température ambiante. La première, qui est réalisée avec un pas de réseau déterminé par l'indice effectif des simulations, va nous renseigner sur le véritable indice effectif à température ambiante, ce qui nous permettra d'ajuster la période du réseau lors de la deuxième réalisation technologique. Il est cependant à noter que l'indice effectif peut varier avec la largeur des rubans et le pas du réseau.

Nous avons tracé sur la figure III.22 le spectre d'émission laser et la position du maximum d'intensité de ce spectre en fonction de la température d'un laser de la première technologie DFB de la structure D555. Cette structure est identique à la D542 décrite dans la partie III.3.a. Le cladding supérieur a une épaisseur de 600 nm, la profondeur des réseaux est de 600 nm dont 400 nm de résine polymérisée. Les spectres d'émission ont été mesurés à des courants à peine supérieurs aux courants de seuil. Les QCLs sont alimentés en mode pulsé à une fréquence de 50 kHz pour une durée d'impulsion de 20 ns, de sorte qu'ils ne subissent presque aucun échauffement lors de leur émission.

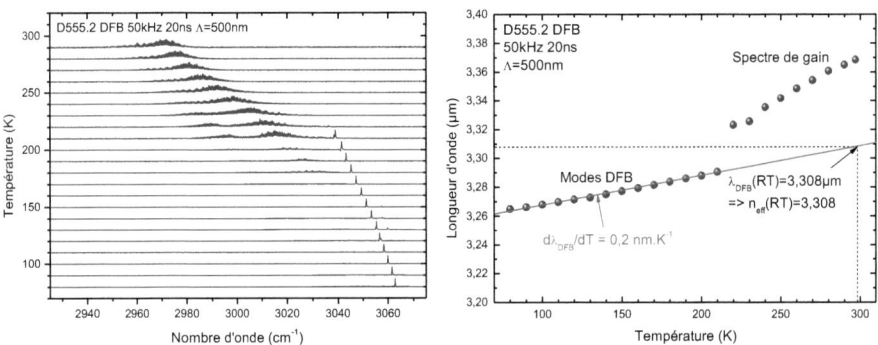

FIGURE III.22 - Spectres d'émission laser (à gauche) et position du maximum d'intensité du spectre (à droite) en fonction de la température d'un QCL DFB dont le pas du réseau n'est pas ajusté sur le gain à température ambiante.

Nous observons sur la figure III.22 à gauche une émission presque monomode jusqu'à une température de 200 K à partir de laquelle l'émission devient clairement multimode. La longueur d'onde de Bragg, λ_{DFB}, devient trop décalée du maximum du spectre de gain de la zone active.

Le spectre de gain de la zone active et la longueur d'onde de Bragg se déplacent tous les deux vers les faibles énergies sous l'effet de la hausse de température. Le déplacement du spectre de gain, plus rapide, tient de la diminution du gap électronique qui va modifier la masse effective des électrons. La longueur d'onde de Bragg va varier avec la température T d'après la relation :

$$\frac{1}{\lambda_{DFB}}\frac{d\lambda_{DFB}}{dT} = \frac{1}{n_{eff}}\frac{dn_{eff}}{dT} + \frac{1}{\Lambda}\frac{d\Lambda}{dT} \quad \text{(III.11)}$$

La variation du pas du réseau sous l'effet de la dilatation thermique est considérée négligeable devant la variation de l'indice effectif. Pour connaître l'indice effectif du mode DFB à température ambiante, nous réalisons un fit linéaire des longueurs d'onde de Bragg, qui varient de 0,2 nm.K^{-1} sur ce laser en dessous de 200 K (figure III.22 à droite). Ceci va nous permettre d'estimer sa longueur d'onde à l'ambiante. A partir de cette valeur, de 3,308 µm, du pas du réseau de 500nm, et de l'équation (III.1), nous déduisons un indice effectif, de 3,308.

Connaissant cet indice, nous sommes désormais à même, toujours à partir de l'équation (III.1), de déterminer le pas de réseau adapté à la longueur d'onde d'émission souhaitée à température ambiante de cette structure. Dans ce cas nous visons le maximum du gain, à 3,37 µm, le pas adapté est alors calculé à 509 nm.

III.5.2) Laser à cascade quantique monofréquence à λ=3,3 µm à température ambiante

Une deuxième réalisation technologique a été réalisée sur cette structure D555. Elle est identique à la première mais avec le pas de réseau adapté et un cladding supérieur réduit de 100 nm à 500 nm d'épaisseur pour avoir une meilleure qualité d'émission. Elle nous a permis d'obtenir un laser monofréquence à température ambiante à 3,3 µm de longueur d'onde.

Les tensions et puissances optiques en fonction de la densité de courant en régime pulsé entre les températures de 253 K et 333 K sont tracées sur la figure III.23 à gauche. Ce laser, de 3,6 mm de longueur pour 8 µm de largeur, a une densité de courant de seuil de 3,8 kA.cm^{-2} à 253 K et de 6,1 kA.cm^{-2} à 333 K.

Nous observons sur la figure III.23 à droite, qui représente le spectre d'émission au seuil laser, que ce QCL est monomode à température ambiante. Son SMSR (« Side Mode Suppression Ratio ») est estimé supérieure 21 dB, sa mesure étant limitée par la qualité de spectrométrie du FTIR. La largeur de son pic d'émission à mi-hauteur, mesurée à 0,2 cm^{-1}, ne peut non plus être estimée avec précision car elle est également limitée par le spectromètre dont la résolution est de 0,2 cm^{-1}. Nous supposons néanmoins un pic d'émission fin.

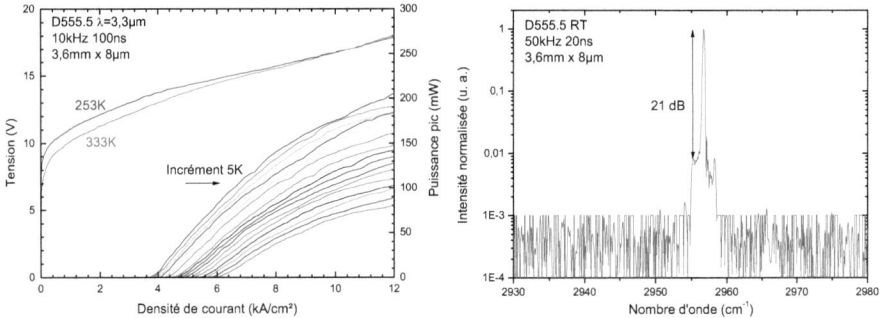

FIGURE III.23 - *Caractéristiques V(J) et P(J) en fonction de la température de la deuxième technologie DFB de la structure D555 (à gauche) et son spectre d'émission laser à température ambiante (à droite).*

Sur la figure III.24, nous avons comparé les caractéristiques densité de courant – tension et densité de courant – puissance optique de ce laser avec un de la technologie Fabry-Pérot à température ambiante. Nous constatons que les V(J) des deux lasers sont semblables et donc que la circulation du courant n'est pas affectée par la technologie DFB. La densité de courant de seuil est en revanche plus élevée sur le laser DFB, à 4,7 kA.cm^{-2} contre 4 kA.cm^{-2} à causes des pertes optiques supplémentaires engendrées par la réduction du cladding. Les puissances ne peuvent être comparées car les lasers sont de dimensions différentes.

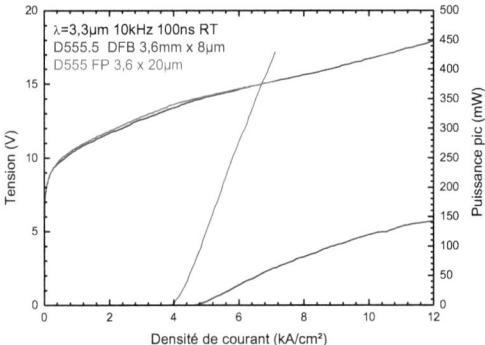

FIGURE III.24 - *Caractéristiques V(J) et P(J) en fonction de la température de la deuxième technologie DFB de la structure D555 (en bleu) et de sa technologie Fabry-Pérot standard (en rouge).*

III.5.3) Etude des modes latéraux

Sur certains lasers DFB, nous constatons la présence de plusieurs modes à basse température. Nous pouvons observer ce phénomène sur la figure III.25, où sont tracés les spectres d'émission laser en fonction de la température d'un laser DFB de 11 µm de large pour 3,6 mm de longueur, de la technologie présentée dans la partie III.5.2. Ce laser a une émission monomode au-delà de 263 K et bimode en dessous.

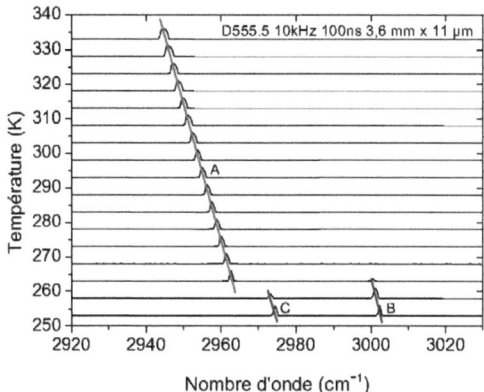

FIGURE III.25 - *Spectres d'émission laser en fonction de la température d'un QCL DFB de 11 µm de large de la deuxième technologie DFB de la structure D555.*

Nous avons réalisé sur ce laser une analyse de champs lointains. Le dispositif utilisé pour réaliser cette analyse est schématisé sur la figure III.26. Le cryostat contenant le laser est positionné sur une plateforme à environ un mètre d'un détecteur InSb. Un logiciel pilote un moteur pas à pas qui soutient la plateforme et va lui permettre de réaliser une rotation horizontale devant le détecteur. Le signal collecté par le détecteur est enregistré en fonction de la position de la plateforme pour déterminer un profil d'intensité lumineuse en fonction de l'angle entre l'axe du faisceau laser et celui du détecteur.

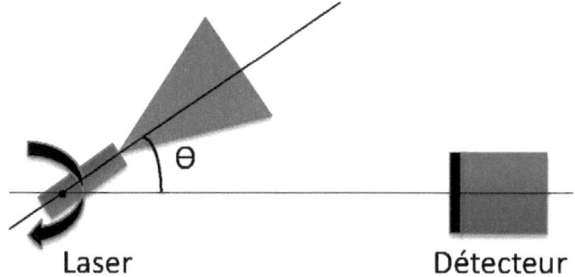

FIGURE III.26 - *Schéma du dispositif expérimental utilisé pour l'analyse des champs lointains.*

Les données des champs lointains recueillies à 323 K, où l'émission est monofréquence (mode A), et à 253 K, où elle est bifréquence (modes B et C), et des simulations de champs lointain des modes TM00 et TM01 sur ce laser sont présentées sur la figure III.27. Les simulations sont réalisées à partir de modélisations du profil d'intensité latérale dans la cavité optique, le champ proche, qui est soumis à une transformée de Fourier pour le convertir en champ lointain.

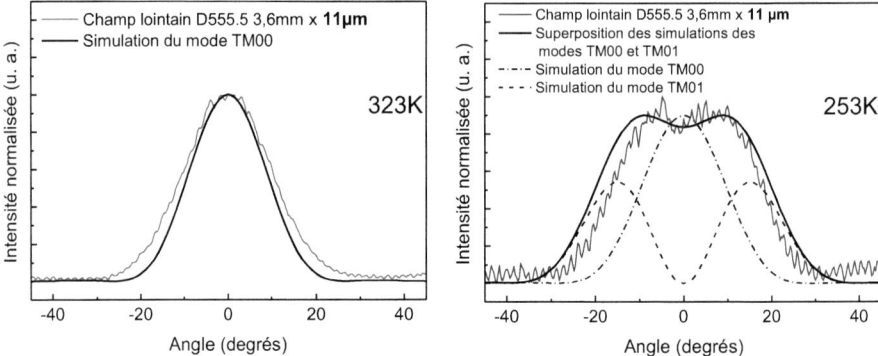

FIGURE III.27 - Champ lointain d'un QCL DFB de 11 µm de large de la deuxième technologie DFB de la structure D555 et simulations des champs lointain des modes latéraux à 323 K (à gauche) et à 253 K (à droite).

La comparaison des données expérimentales avec les simulations nous indique que le champ lointain à 323 K correspond au mode TM00 et celui à 253 K à une superposition des modes TM00 et TM01.

Pour les lasers de cette technologie dont la largeur est inférieure à 10 µm, l'émission reste monomode sur la même gamme de température étudiée (figure III.28). Nous observons néanmoins une bascule d'un mode vers un autre à la température de 283 K.

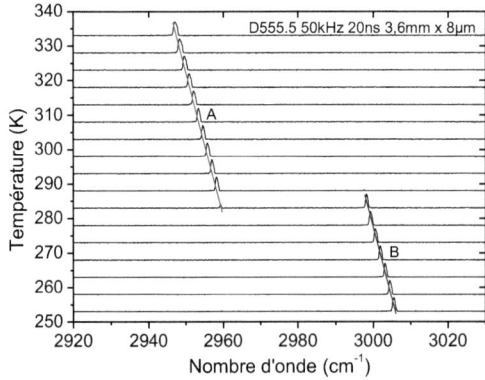

FIGURE III.28 - Spectres d'émission laser en fonction de la température d'un QCL DFB de 8 µm de large de la deuxième technologie DFB de la structure D555.

Une analyse de champs lointains aux températures de 323 K et 253 K, où l'un et l'autre des modes (modes A et B) s'expriment, nous indique qu'ils sont tous deux des modes fondamentaux (figure III.29).

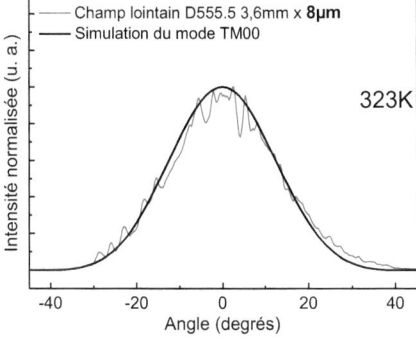 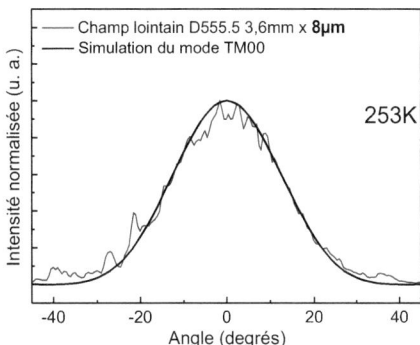

FIGURE III.29 - Champ lointain d'un QCL DFB de 8 µm de large de la deuxième technologie DFB de la structure D555 et simulations du champs lointain du mode TM00 à 323 K (à gauche) et à 253 K (à droite).

Les modes A et B ont des énergies semblables aux modes A et B du laser plus large. Nous en déduisons donc que le mode C du laser large est le mode TM01 et que les autres sont des modes fondamentaux.

Le mode latéral d'ordre 2 ne s'exprime pas en général dans ces lasers quand nous sommes proches du courant de seuil, car ce mode pénètre d'avantage que le mode latéral fondamental dans la résine d'isolation qui génère des pertes optiques. Cette pénétration est d'autant plus importante que la largeur du ruban est petite. Et l'indice faible de la résine va d'autant plus diminuer l'indice effectif du mode que sa pénétration y est prononcée. Par conséquent, pour des largeurs de rubans trop petites, l'indice effectif devient plus faible que les couches de confinement verticales et le mode n'est plus guidé dans la structure. C'est pour cette raison que les rubans très étroits ne permettent pas de modes latéraux autres que le fondamental.

Pour comprendre l'apparition du mode latéral d'ordre 2 à basse température sur le laser large, il faut considérer que le réseau de Bragg ne va pas générer une seule bande interdite photonique mais autant qu'il y a de modes latéraux permis.

Nous avons tracé sur la figure III.30 un schéma de ce que pourraient être les bandes photoniques des modes d'ordre 1 et 2, les pertes de leurs modes longitudinaux et la position du spectre de gain à basse température, ces différents éléments ne sont pas représentés à l'échelle. A cause des plus fortes pertes dans la résine, les modes longitudinaux des modes latéraux de plus grand ordre ont plus de pertes. Mais comme ils ont un indice plus faible, leur bande interdite photonique (BIP), plus étroite car ils pénètrent moins dans le réseau, est décalée vers les grandes énergies et est plus proche du maximum du gain. Cela permet à leur mode en bord de bande de conduction d'avoir un rapport gain sur pertes meilleur que celui du mode latéral fondamental, et de réaliser une émission laser.

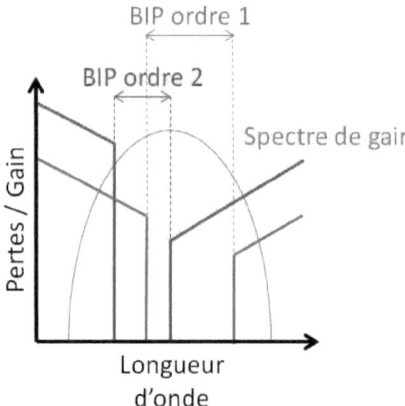

FIGURE III.30 - Schéma explicatif de l'apparition du mode latéral d'ordre 2.

Nous ne trouvons cependant pas d'explication quant à l'existence de deux modes latéraux fondamentaux. Ces modes sont trop espacés en énergie pour que celui à basse température, de forte énergie, soit le mode en bord de bande de conduction, et l'autre à haute température, de faible énergie, soit celui en bord de bande de valence. D'après l'équation (III.2), leur écart de nombre de d'onde d'environ 40 cm^{-1} correspondrait, si tel était le cas, à un facteur de couplage de plus de 400 cm^{-1}, beaucoup trop élevé pour être plausible.

Sur la figure III.31, où sont tracées les densités de courant de seuil en fonction de la température des deux lasers, nous observons des augmentations de T_0 aux températures où s'opèrent les bascules vers les modes latéraux fondamentaux de haute température. Nous attribuons ce phénomène à un meilleur accord de longueur d'onde entre le mode DFB et le maximum du spectre de gain après la bascule, qui va en partie compenser la détérioration thermique du gain.

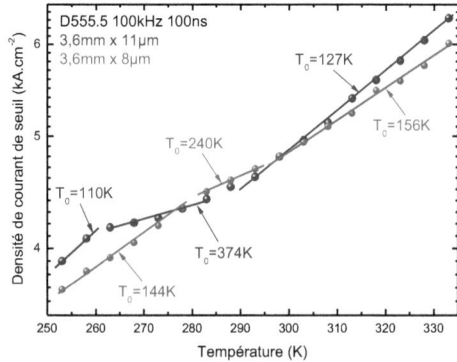

FIGURE III.31 - Densités de courant de seuil en fonction de la température de QCLs DFB de largeurs de 8 μm (en rouge) et 11 μm (en bleu) de la deuxième technologie DFB de la structure D555.

III.5.4) Effet de l'épaisseur du cladding supérieur

Nous avons réalisé ces mesures de spectres d'émission en fonction de la température sur un laser, de 9 µm de large et 3,6 mm de long, de la même structure mais avec un cladding supérieur réduit de 100 nm supplémentaire pour atteindre une épaisseur de 400 nm. Nous voyons sur ces mesures, présentées sur la figure III.32, que le laser émet cette fois sur le même mode dans toute la gamme de température entre 258 K et 323 K. Ceci est sans doute lié à l'augmentation du facteur couplage, qui a, d'après nos simulations, une valeur de 0,9 cm^{-1} pour un cladding de 500 nm et de 1,4 cm^{-1} pour 400 nm.

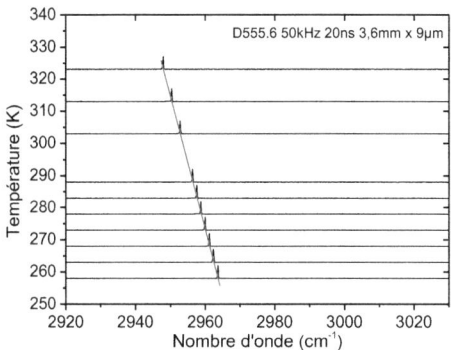

FIGURE III.32 - *Spectres d'émission laser en fonction de la température d'un QCL DFB de 9 µm de large de la troisième technologie DFB de la structure D555 ayant un fort facteur de couplage.*

Les caractéristiques V(J) et P(J) à température ambiante de ce laser et d'un de la technologie précédente de dimensions équivalentes sont présenté sur la figure III.33. La conduction du courant est similaire pour les deux lasers mais la densité de courant de seuil est plus importante sur la structure de moindre épaisseur de cladding dont le mode optique pénètre d'avantage dans le contact métallique où les pertes d'absorption par porteurs libres sont élevées.

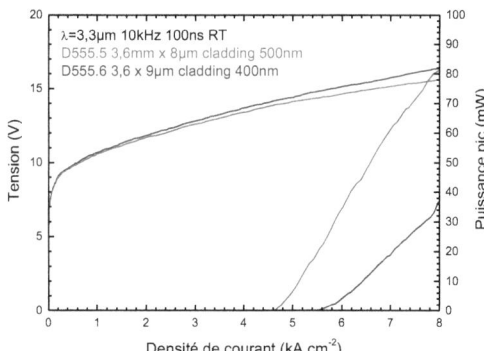

FIGURE III.33 - *Caractéristiques V(J) et P(J) à température ambiante de la deuxième (en rouge) et la troisième technologie DFB (en bleu) de la structure D555, ayant des épaisseurs de cladding supérieur respectivement de 500 et 400 nm.*

Pour réaliser une analyse rigoureuse de l'effet de l'épaisseur de cladding sur les lasers DFB, nous avons réalisé avec la structure D594, analogue à la D555 mais avec une longueur d'onde d'émission de 3,53 µm, une technologie DFB sur un même échantillon comportant trois épaisseurs de claddings différentes, de 300, 400 et 500 nm. Nous pouvons ainsi comparer les performances pour diverses épaisseurs de cladding supérieur en étant sûr que les écarts observées ne sont pas le fruit de différences dans la réalisation technologique. Les réseaux, d'un pas de 534 nm en considérant un indice effectif des modes DFB de 3,308 comme la D555, ont une profondeur de 700 nm.

Les spectres d'émission laser, réalisés juste au-dessus du seuil laser, sont tracés pour les trois épaisseurs de cladding sur la figure III.34 à gauche. Nous y observons bien l'effet de l'augmentation du facteur de couplage avec la diminution des épaisseurs de cladding avec, pour des lasers de dimensions similaires, un spectre clairement multimode, presque monomode et clairement monomode pour les épaisseurs respectives de 500, 400 et 300 nm. Les facteurs de couplage simulés sont alors de 1, 1,1 et 1,6 cm^{-1}.

Cette diminution entraîne aussi une augmentation des densités de courants de seuil (figure III.34 à droite), imputable à l'augmentation des pertes optiques, simulées à 2,7, 2,9 et 3,2 cm^{-1} pour les épaisseurs de cladding de 500, 400 et 300 nm.

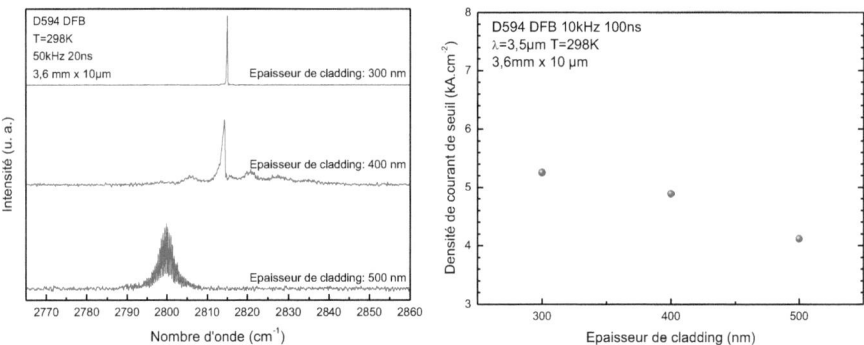

FIGURE III.34 - Spectres d'émission laser à 298 K de QCLs DFB de la structure D594 ayant des épaisseurs de cladding supérieur de 300, 400 et 500 nm (à gauche) et leurs densités de courant de seuil (à droite).

III.5.5) Laser à cascade quantique monofréquence de hautes performances

A partir de la structure D478 émettant à 3,6 µm de longueur d'onde, dont la feuille de croissance est présentée en annexe, nous avons réalisé des lasers DFB dont les réseaux ont un pas de 541 nm pour une profondeur de 700 nm dont 300 nm de résine. Le cladding a une épaisseur de 300 nm.

Nous avons tracé sur la figure III.35 les caractéristiques V(J) et P(J) d'un laser DFB, de 3,6 mm de long sur 15 µm de large, et d'un laser de la technologie standard à cavité Fabry-Pérot, de mêmes dimensions, de la même structure. Nous pouvons constater sur cette figure que ce laser DFB a la particularité d'avoir une densité de courant de seuil inférieure à celle des lasers Fabry-Pérot de la même structure, de 2,2 kA.cm^{-2} contre 2,4 kA.cm^{-2}.

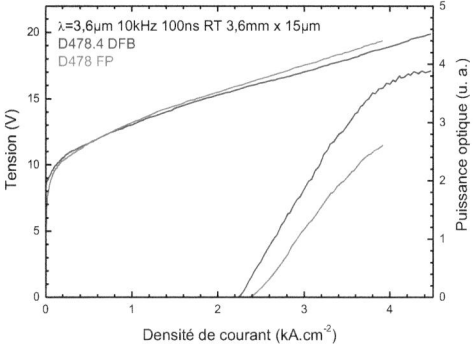

FIGURE III.35 - Caractéristiques V(J) et P(J) à température ambiante de QCLs de la structure D474 pour une technologie DFB (en bleu) et une technologie Fabry-Pérot standard (en rouge).

Nous attribuons cette performance au profil des réseaux (figure III.36) pour lequel le métal a un faible rapport cyclique, ce qui va réduire les pertes du mode DFB localisé dans le semiconducteur, et à un facteur de couplage élevé, qui va réduire les pertes aux miroirs du laser. Les simulations nous indiquent un facteur de couplage de 3,2 cm^{-1} et des pertes de 1,9 cm^{-1}.

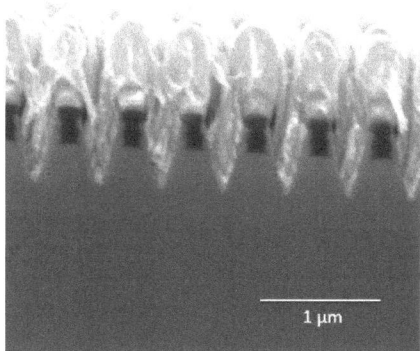

FIGURE III.36 - Photographie MEB d'une vue en coupe des réseaux DFB d'un QCL DFB de la structure D474.

Ce laser est monomode sur une large gamme de températures (figure III.37 à gauche), d'au moins 70 K autour de la température ambiante, et a un SMSR d'au moins 21 dB à 303 K (figure III.37 à droite).

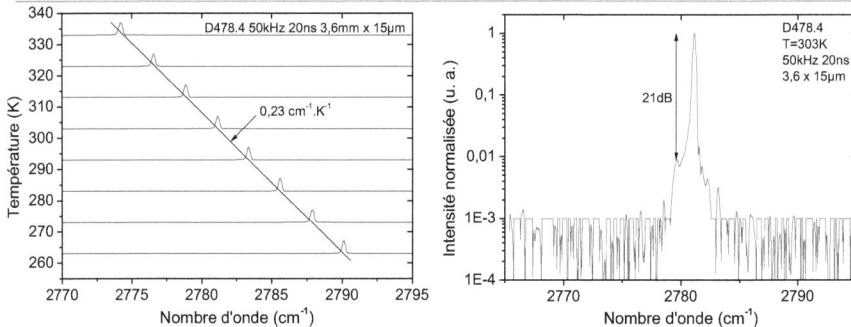

FIGURE III.37 - Spectres d'émission laser en fonction de la température d'un QCL DFB de la structure D474 (à gauche) et son spectre d'émission laser à 303 K (à droite). Le SMSR est sans doute limité par la mesure.

Il est tout de même important de signaler que si presque tous les lasers de cette fournée technologique avaient une bonne qualité d'émission, celui présenté est celui qui avait la meilleure densité de courant de seuil. Les autres avaient cependant des seuils tout à fait raisonnables, similaires aux lasers Fabry-Pérot.

III.5.6) Etude de l'autoéchauffement

Tous les spectres que nous avons étudiés jusqu'à présent ont été réalisés juste au-dessus du seuil laser et à très faible rapport cyclique (typiquement de 0,1 %) avec des impulsions courtes. Nous étudions ici les effets de l'autoéchauffement lié à l'augmentation de la puissance injectée.

Nous avons mesuré deux spectres d'émission laser effectués juste au-dessus du seuil laser à la température de 288 K avec le même QCL DFB, mais alimenté avec des impulsions de courant de durées différentes, de 20 ns et 300 ns, à 50kHz de fréquence de répétition (figure III.38). Le laser en question est celui étudié dans la partie III.5.5. Nous observons sur la figure que les spectres sont décalés en énergie et que le spectre réalisé avec des impulsions courtes est monomode et fin, alors que celui réalisé avec des impulsions longues est trop large pour être considéré monomode.

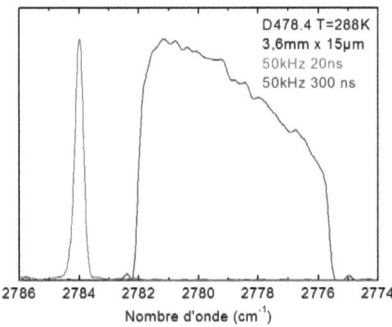

FIGURE III.38 - Spectres d'émission laser à 288 K en régime pulsé d'un QCL DFB de la structure D474 pour des impulsions de courant de 50 kHz de fréquence de durées de 20 ns (en rouge) et 300 ns (en bleu).

Pour comprendre ce qui peut être la cause de l'élargissement des spectres d'émission avec l'augmentation de la durée d'impulsion, nous avons mesuré un spectre résolu en temps sur ce laser avec une impulsion de 300 ns (figure III.39). Ce spectre est réalisé en mode step scan sur le FTIR avec un détecteur rapide MCT VIGO et une carte d'acquisition rapide qui vont permettre de mesurer la variation temporelle du signal pour chaque position du miroir du FTIR. La résolution temporelle du spectre résolu en temps mesuré est de 10 ns.

Nous constatons que l'émission est en fait monomode mais que le spectre d'émission se décale vers les faibles énergies durant l'impulsion et perd en intensité (figure III.39 à gauche). Ceci est dû à l'échauffement de la zone active du laser pendant l'impulsion de courant.

Le déplacement du spectre est mesuré à -0,024 $cm^{-1}.ns^{-1}$, ceci nous permet d'estimer la largeur du spectre pour une impulsion d'une durée de 20 ns à 0,48 cm^{-1}.

Notons au passage que, mis bout à bout, les spectres réalisés toutes les 10 ns lors de la mesure du spectre résolu en temps se superposent presque parfaitement avec le spectre à 300 ns d'impulsion de la figure III.38, réalisé de façon classique avec le même rapport cyclique de courant (figure III.39 à droite).

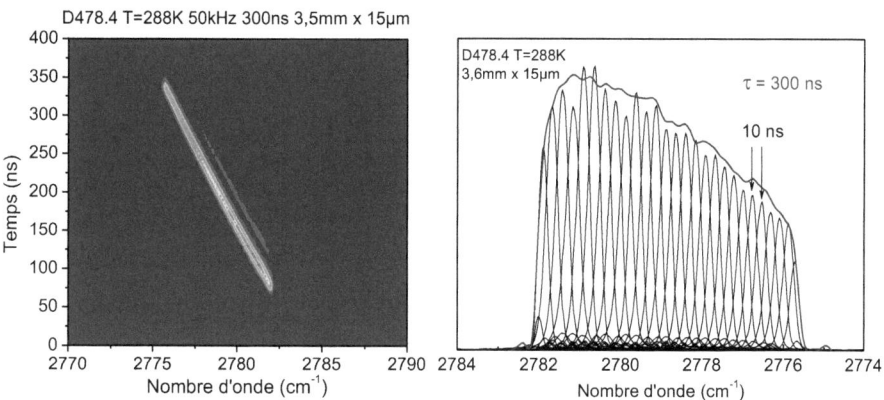

FIGURE III.39 - Spectres d'émission laser résolus en temps d'un QCL DFB de la structure D474 pour des impulsions de courant de 50 kHz de fréquence de durées de 300 ns (à gauche). Superposition des spectres résolus en temps espacés de 10 ns et d'un spectre d'émission laser pour une impulsion de courant de 300 ns de durée à 50 kHz de fréquence de répétition (à droite).

Ce phénomène met en lumière les limites de l'utilisation de lasers en régime pulsé pour la spectroscopie. Un rapport cyclique très faible, avec une durée d'impulsion de l'ordre de la ns extrêmement compliquée à mettre en œuvre, permettrait peut-être d'avoir un spectre suffisamment fin pour la spectroscopie d'absorption moléculaire classique mais ne procurerait pas une puissance lumineuse moyenne suffisamment importante pour la réaliser convenablement. Pour un rapport cyclique plus important, la puissance serait satisfaisante mais le spectre risquerait, lors de l'impulsion, de balayer des raies d'absorption de molécules autres que celle visée (ce qui peut tout de même convenir à certaines techniques de spectroscopie d'absorption [McCulloch, 2003]). Si le laser DFB est alimenté en régime continu, sa température interne se stabilise pour un courant donné et sa longueur d'onde d'émission ne varie plus. Il est alors possible d'obtenir des émissions lasers d'une grande finesse, d'une largeur de raie de l'ordre de 5 à 10 MHz.

Le décalage entre les deux spectres observé sur la figure III.38 tient au fait que le laser n'a pas le temps de refroidir complétement entre deux impulsions de 300 ns. Ce décalage, d'environ 2 cm^{-1}, correspond à une élévation de température d'environ 8,7 K, que nous pouvons estimer grâce aux mesures de spectres en fonction de la température réalisées sur ce laser (figure III.37 à gauche). A partir de cette hausse de température et de la puissance électrique injectée de 0,39 W, calculée à partir de la tension, du courant et du rapport cyclique appliqués, respectivement de 17 V, 1,52 A et 1,5 %, nous pouvons évaluer la résistance thermique du composant à 22 K.W^{-1}.

Maintenant que nous avons analysé l'impact que peut avoir l'augmentation du rapport cyclique sur les spectres d'émission des lasers DFB, intéressons-nous à l'effet que peut avoir sur eux l'augmentation du courant. Pour ce faire, nous allons continuer à étudier le laser large de la structure D555 pour lequel nous observons un mode latéral d'ordre 2 à basse température dans la partie III.5.3.

Nous avons réalisé deux spectres de ce laser à une température de 323 K, où le mode DFB au seuil était un mode latéral fondamental, tous deux avec des impulsions de courant de 100 ns à 50 kHz (figure III.40). Le premier a été effectué dans les mêmes conditions que précédemment (figure III.25) avec un courant de 2,42 A, proche du courant de seuil, et le deuxième à 3 A. Nous constatons que l'émission devient bimode lorsque l'on augmente le courant.

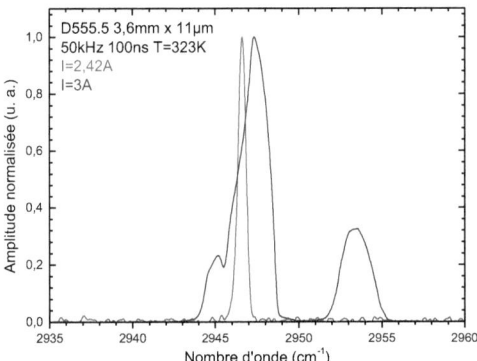

FIGURE III.40 - Spectres d'émission laser à 323 K en régime pulsé d'un QCL DFB de la deuxième technologie DFB de 11 µm de large de la structure D555 pour des impulsions de courant de 50 kHz de fréquence de durées de 100 ns pour des courants de 2,4 A (en rouge) et 3 A (en bleu).

Nous observons sur le spectre résolu en temps de ce laser à 323 K, réalisé à 3 A de courant avec une impulsion un peu plus longue de 200 ns, qu'il s'opère un saut de mode lors de l'impulsion. Le mode de plus forte énergie a un nombre d'onde correspondant au mode latéral d'ordre 2 observé à basse température (mode C) sur la figure III.41. L'augmentation du courant a donc provoqué un phénomène de type spatial hole burning, qui conduit à un transfert de gain d'un mode transverse à l'autre.

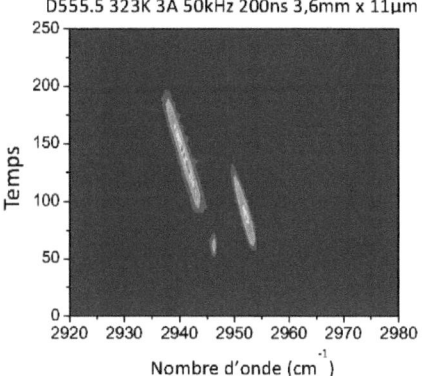

FIGURE III.41 - *Spectre d'émission laser résolu en temps à 323 K en régime pulsé d'un QCL DFB de 11 µm de large de la deuxième technologie DFB de la structure D555 pour des impulsions de courant de 50 kHz de fréquence de durées de 200 ns pour un courant de 3 A.*

A 258 K, où ce laser émet sur deux modes latéraux, nous avons réalisé deux spectres résolus en temps avec des impulsions de 100 ns à 50kHz, l'un à un courant proche du seuil de 1,8 A, sur la figure III.42 à gauche, et un autre à un plus fort courant de 2,29 A, sur la figure III.42 à droite. A proximité du courant de seuil, le laser émet sur les deux modes tout le long de l'impulsion. A plus fort courant, les deux modes vont s'éteindre en fin d'impulsion pour laisser place à un autre mode, dont l'énergie correspond au mode latéral fondamental (mode A) observé sur la figure III.25 à partir de 263 K, qui doit être proche de la température de la zone active au moment de cette transition. Il s'agit donc là plutôt d'un effet thermique.

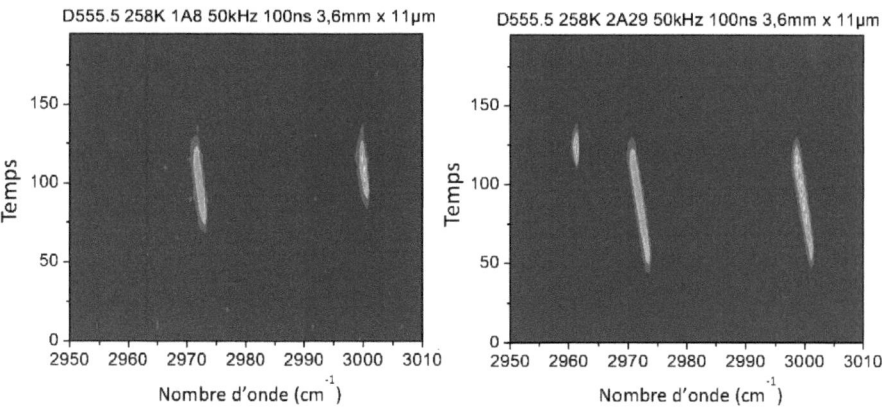

FIGURE III.42 - *Spectre d'émission laser résolu en temps à 258 K en régime pulsé d'un QCL DFB de 11 µm de large de la deuxième technologie DFB de la structure D555 pour des impulsions de courant de 50 kHz de fréquence de durées de 100 ns pour des courants de 1,8 A (à gauche) et 2,3 A (à droite).*

III.6) Conclusion

Nous avons mis au point une technologie DFB fiable, avec une très bonne reproductibilité et un haut rendement pour les QCLs InAs/AlSb.

Nous avons su réaliser des lasers monomodes à température ambiante et avons bien identifié les paramètres nécessaires pour trouver un bon équilibre entre le facteur couplage et les pertes, ce qui nous a permis de concilier une émission monomode et des densités de courant de seuil peu dégradés. Les simulations sous-estiment toutefois un peu les pertes et le facteur de couplage mais nous donnent de bonnes indications quant à la marche à suivre pour optimiser les QCLs DFB.

Grâce à l'étude des champs lointains et des spectres résolus en temps, nous avons pu réaliser une bonne analyse des effets de la température sur l'émission d'un laser DFB et mis en lumière les limites de l'alimentation en régime pulsé pour la spectroscopie d'analyse de gaz par absorption.

Chapitre IV : Lasers à cascade quantique alimentés en régime continu

L'utilisation d'un laser en mode pulsé nécessite de disposer d'un générateur d'impulsion couplé à l'alimentation du laser. L'un des principaux atouts d'un laser à semiconducteur étant sa compacité, l'obligation d'intégrer un tel dispositif lourd et encombrant pour assurer son utilisation rend cette source beaucoup moins attrayante pour bon nombre d'applications.

De plus le régime pulsé est limitant pour la puissance optique comme pour la finesse d'émission, comme nous l'avons vu dans le précédent chapitre.

Un fonctionnement de nos QCLs en régime continu est donc fortement souhaitable et son obtention a fait l'objet d'une part importante de ce travail de thèse.

IV.1) Analyse de l'impact du régime continu sur les caractéristiques du laser

Les analyses qui vont suivre ont été faites en considérant un rendement négligeable. La prise en compte de ce rendement ne complique cependant pas beaucoup les calculs et sera laissée aux soins du lecteur.

IV.1.1) Le courant de seuil en régime continu

Pour parvenir à réaliser une émission laser en courant continu, une étude préalable sur les conditions à remplir peut s'avérer utile.

En régime continu la température de la zone active T_{ZA} est donnée par celle de l'embase T selon la relation suivante :

$$T_{ZA} = T + UIR_{th} \tag{IV.1}$$

Où U est la tension, I le courant et R_{th} la résistance thermique considérée constante avec la température.

Considérons que le courant de seuil I_{th} a la dépendance exponentielle usuelle avec la température de la zone active décrite par une température caractéristique T_0, supposée constante avec la température :

$$I_{th}(T_{ZA}) = I_0 e^{\frac{T_{ZA}}{T_0}} \tag{IV.2}$$

En exprimant la relation (IV.1) au seuil, nous pouvons en déduire que :

$$I_{th\,CW}(T) = I_0 e^{\frac{T + U_{th\,CW}\,I_{th\,CW}(T)R_{th}}{T_0}} = I_{th\,pulsé}(T) e^{\frac{U_{th\,CW}\,I_{th\,CW}(T)R_{th}}{T_0}} \tag{IV.3}$$

Où $U_{th\,CW}$ est la tension au seuil en régime continu que nous supposons ne pas dépendre de la température, $I_{th\,CW}(T)$ et $I_{th\,pulsé}(T)$ sont les courant de seuil en régime continu et en régime pulsé.

Cette équation peut avoir deux solutions réelles si l'émission laser en continu est possible (elles sont sinon complexes). La première nous donne le courant de seuil en régime continu, qui correspond sur la figure IV.1 à la première intersection entre les courbes de la température de zone active et de la densité de courant de seuil en mode pulsé. La seconde solution de l'équation, correspondant à la seconde intersection de ces courbes sur la figure IV.1, nous donne le courant où l'émission laser en courant continu prend fin, $I_{\lim\,CW}(T)$, si ce courant est suffisamment loin du « Starck rollover ».

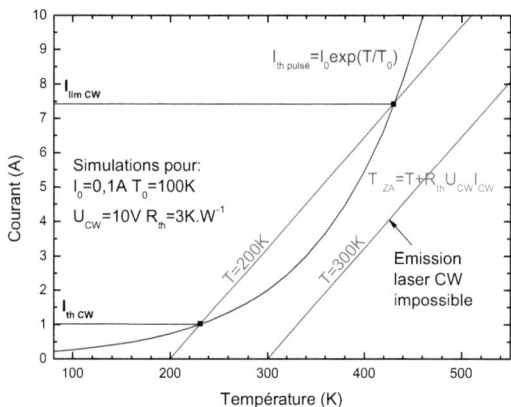

FIGURE IV.1 - Simulations de la densité de courant de seuil et de fin d'émission laser en régime continu d'un laser pour des paramètres donnés, aux températures de 200 K où l'émission laser en régime continu est possible et de 300 K où elle est impossible.

L'équation (IV.3) est du type $x = be^{ax}$, où $x = I_{th\,CW}(T)$, et peut donc se résoudre en utilisant la fonction W de Lambert [Lambert, 1758], dont les valeurs réelles sont tracées en fonction d'une variable arbitraire X sur la figure IV.2. Ses deux solutions, x_1 et x_2 qui correspondent à $I_{th\,CW}(T)$ et $I_{\lim\,CW}(T)$ si elles sont réelles, sont obtenues en utilisant les branches 0 et -1 de cette fonction, W_0 et W_{-1} :

$$x_1 = -\frac{W_0(-ab)}{a} \qquad x_2 = -\frac{W_{-1}(-ab)}{a} \qquad (IV.4)$$

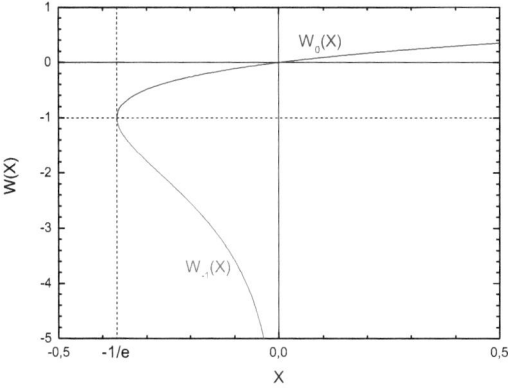

FIGURE IV.2 - Fonction W de Lambert. La branche 0 de cette fonction est tracée en bleu, la branche -1 en rouge.

La branche 0 de la fonction W de Lambert pour $X \in [-1/e; 0]$, qui est la seule à avoir un grand intérêt car elle va nous permettre de déterminer le courant de seuil en continu, est donnée par l'expression :

$$W_0(X) = -\sum_{n=1}^{\infty} \frac{(-1)^n n^{n-1}}{n!} X^n \qquad \text{(IV.5)}$$

Nous déduisons de l'équation (IV.4) l'expression du courant de seuil en régime continu (en bleu sur la figure IV.3) :

$$I_{th\,CW}(T) = -\frac{W_0\left(-\frac{U_{th\,CW}\,I_{th\,pulsé}(T)R_{th}}{T_0}\right)T_0}{U_{th\,CW}\,R_{th}} \qquad \text{(IV.6)}$$

Et l'expression du courant où l'émission laser en courant continu prend fin (en rouge sur la figure IV.3) :

$$I_{\lim CW}(T) = -\frac{W_{-1}\left(-\frac{U_{lim\,CW}\,I_{th\,pulsé}(T)R_{th}}{T_0}\right)T_0}{U_{lim\,CW}\,R_{th}} \qquad \text{(IV.7)}$$

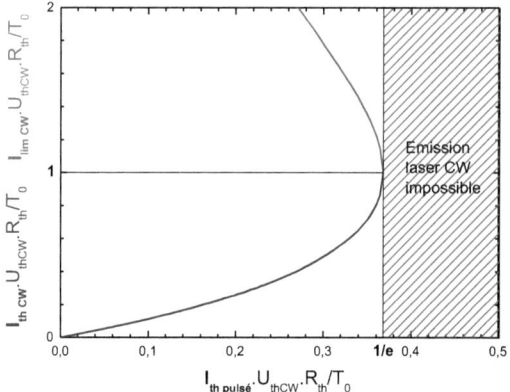

FIGURE IV.3 - *Simulations de la densité de courant de seuil et de fin d'émission laser en régime continu d'un laser en fonction de ses caractéristiques $U_{th\,CW}$, R_{th}, T_0 et $I_{th\,pulsé}$.*

Comme $W_0 \leq 1$, la valeur maximale possible du courant de seuil en régime continu, nous est donnée, quelle que soit la température, par la relation :

$$I_{th\,CW} \leq \frac{T_0}{U_{th\,CW}\,R_{th}} \quad (IV.8)$$

Ce qui signifie simplement que l'échauffement ne doit pas être supérieur au T_0.

La fonction W de Lambert étant définie sur l'espace $[-1/e\,;\,+\infty[$, la condition d'émission laser en courant continu devient :

$$\frac{U_{th\,CW}\,I_{th\,pulsé}(T)R_{th}}{T_0}e \leq 1 \quad (IV.9)$$

Avec $e \approx 2.72$.

A la température maximum d'émission laser en courant continu $T_{max\,CW}$, nous atteignons la limite :

$$\frac{U_{th\,CW}\,I_{th\,pulsé}(T_{max\,CW})R_{th}}{T_0}e = 1 \quad (IV.10)$$

De cette formule, nous pouvons aisément déduire l'expression de cette température maximum :

$$T_{max\,CW} = T_0\left(\ln\left(\frac{T_0}{U_{th\,CW}\,I_0\,R_{th}}\right) - 1\right) \quad (IV.11)$$

Pour atteindre l'émission laser en régime continu à haute température, il est donc capital de réduire autant que possible la résistance thermique, le courant de seuil en pulsé et la tension, et d'augmenter au maximum le T_0. Ces équations nous permettent d'estimer l'importance relative de ces paramètres. Le plus important d'entre eux est le courant de seuil en régime pulsé, d'autant plus que nous ne tenons pas compte du courant maximum dans ces équations.

Nous avons considéré dans les équations précédentes une tension fixe. Dans les faits la tension a une dépendance avec le courant et la température.

Cette approximation n'est cependant pas dénuée de tous fondements et est même réaliste au regard de la tension au seuil laser en régime continu qui évolue peu malgré la variation de la température, comme nous pouvons le constater sur les mesures expérimentales présentées sur la figure IV.4. Ceci s'explique par le fait que la baisse de la tension pour un courant donné, dû à l'échauffement du laser, compense en général sa hausse, dû à l'élévation du courant de seuil.

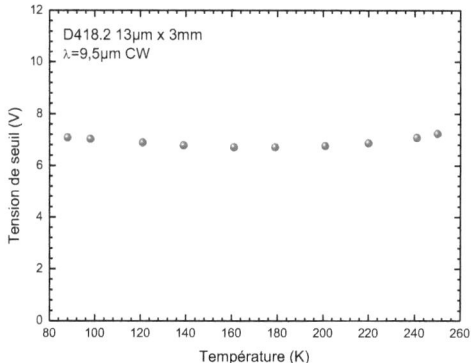

FIGURE IV.4 - Tension de seuil en fonction de la température d'un QCL de la structure D418 alimenté en régime continu.

IV.1.2) Le rollover thermique en régime continu

Pour un laser à semiconducteur interbande ou un QCL où le Starck rollover est suffisamment lointain, le courant $I_{\max\ CW}$ où la puissance optique est maximale en régime continu, alors appelée rollover thermique, est soumis uniquement à la tolérance du laser à l'élévation de température.

Si la pente de la puissance optique en fonction du courant dP/dI, que nous appellerons le rendement de pente η_s, est indépendante de la température, le rollover thermique peut être déduit de la formule :

$$I_{\max\ CW}(T) = I_{th\ puls\acute{e}}(T).e = \frac{T_0}{UR_{th}} \qquad (IV.12)$$

Si cette dépendance à la température n'est pas négligeable, si nous négligeons en revanche la saturation du rendement quantique interne à fort flux de photons et si l'on considère la dépendance exponentielle usuelle du rendement de pente avec la température et la température caractéristique T_1, $\eta_s = \eta_1 e^{-\frac{T_{ZA}}{T_1}}$ avec η_1 le rendement de pente à 0 K, la puissance optique peut s'exprimer comme suit :

$$P = (I - I_{th\,CW})\eta_s = \left(I - I_{th\,pulsé}(T)e^{\frac{UIR_{th}}{T_0}}\right)\eta_{s\,pulsé}(T)e^{-\frac{UIR_{th}}{T_1}} \tag{IV.13}$$

Le courant où le maximum de puissance est délivré sera alors le courant pour lequel la dérivée de cette puissance par le courant est nulle, ce qui nous conduit à l'expression :

$$1 - \frac{UR_{th}}{T_1}I_{max\,CW}(T) = UR_{th}\left(\frac{1}{T_0} - \frac{1}{T_1}\right)I_{th\,pulsé}(T)e^{\frac{UR_{th}\,I_{max\,CW}(T)}{T_0}} \tag{IV.14}$$

Qui correspond à une équation de type $cx + d = be^{ax}$ que l'on peut résoudre encore une fois grâce à la branche 0 de la fonction W de Lambert pour avoir :

$$I_{max\,CW}(T) = -\frac{W_0\left(\frac{T_1}{T_0}\left(\frac{1}{T_0} - \frac{1}{T_1}\right)e^{\frac{T_1}{T_0}}UI_{th\,pulsé}(T)R_{th}\right)T_0}{UR_{th}} + \frac{T_1}{UR_{th}} \tag{IV.15}$$

On peut ainsi, à partir des caractéristiques du laser en régime pulsé, déduire la puissance maximale du laser en régime continu en injectant ce courant dans l'équation (IV.13).

Nous restons ici dans l'approximation où la tension est considérée constante dans ces équations. Il s'agit néanmoins de la première fois que des expressions analytiques du rollover thermique et du courant de seuil sont posées.

Ces calculs peuvent aisément être modifiés pour nous donner les valeurs du courant de seuil et du rollover thermique en fonction du rapport cyclique en régime pulsé. Ceci nous permet, par exemple, de déterminer le rapport cyclique jusqu'auquel il est possible de réaliser une émission laser ou celui pour lequel le maximum de puissance optique est délivré à une température donnée.

IV.2) Modélisations thermiques

IV.2.1) Présentation du modèle

L'importance de la dissipation thermique dans le fonctionnement en courant continu, donnée par la résistance thermique, nous a poussés à réaliser une étude des performances thermiques des QCLs InAs/AlSb et des différentes configurations qui nous permettront de les améliorer.

Pour réaliser cette étude nous nous sommes appuyées sur le logiciel de simulation par la méthode des éléments finis COMSOL, qui est à même de résoudre l'équation de la chaleur en régime stationnaire sur une structure complexe :

$$Q = k_{th} \Delta T \qquad (IV.16)$$

Avec Q la quantité de chaleur, k_{th} la conductivité thermique et Δ l'opérateur Laplacien.

Notre QCL est modélisé en deux dimensions, dans les axes de la largeur et la hauteur du ruban, en considérant un ruban de 1 mm de long pour faciliter le calcul de la résistance thermique postérieur à la simulation. Nous considérons que seule la zone active est génératrice de chaleur. La quantité de chaleur est calculée pour une puissance électrique injectée de 1 W, toujours pour simplifier le calcul de la résistance thermique.

Les conductivités thermiques attribuées aux différents matériaux de notre modèle hors zone active ont été extraites de la littérature [Ioffe] [Howe, 2008] elles sont présentées dans le tableau de la figure IV.5 et sur la figure IV.6, elles correspondent aux valeurs à température ambiante et sont considérées fixes dans notre modèle.

Matériaux	k_{th} (W.K^{-1}.m^{-1})
InAs	27
AlSb	46
Au	317
Cu	400
In	82
Résine polymérisée	0,5
SiO$_2$	1,4
Si$_3$N$_4$	30
Spacer superréseaux	2 (z) et 27 (x, y)
Zone active 9,3 µm	3,5 (z) et 27 (x, y)
Zone active 3,3 µm	2 (z) et 27 (x, y)

FIGURE IV.5 - Tableau récapitulatif des différentes valeurs de conductivité thermiques utilisées dans les simulations thermiques.

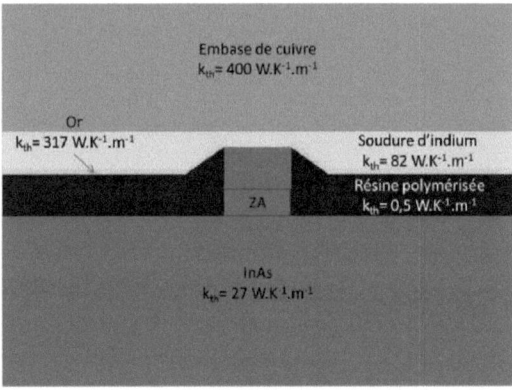

FIGURE IV.6 - Exemple de géométrie utilisée dans les simulations thermiques.

La conductivité thermique caractérise la capacité d'un matériau à dissiper la chaleur. Cette chaleur va être véhiculée majoritairement par les porteurs de charges (électrons ou trous) dans un métal et par les vibrations des atomes (phonons) dans un semiconducteur.

La zone active est composée d'une multitude de couches d'InAs (k_{th}=27 W.K^{-1}.m^{-1}) et d'AlSb (k_{th}=46 W.K^{-1}.m^{-1}). Sa conductivité thermique est anisotrope, elle est considérée égale à celle de l'InAs dans le plan des couches, ce matériau étant majoritaire dans la zone active, où il représente environ 65 % de la composition pour les structures émettant à 3,3 µm de longueur d'onde et 87 % pour celles émettant à 9,3 µm.

Dans l'axe de la croissance elle va dépendre du nombre d'interfaces, ces interfaces vont réfléchir une partie des phonons et limiter leur propagation, et par conséquent la dissipation de la chaleur. La conductivité thermique peut être estimée par les résistances séries équivalentes (résistance des matériaux R_{bulk} + résistance d'interface $R_{interfaces}$) [Swartz, 1989] :

$$k_{th}^{-1} = R_{interfaces} + R_{bulk} = \frac{N}{d_{tot}}TBR + \sum_i \frac{d_i}{d_{tot}}R_i \qquad (IV.17)$$

Où N est le nombre d'interfaces, d_i et R_i sont les épaisseurs et résistivités thermique de chaque couche. Nous avons estimé la TBR (pour « Thermal Boundary Resistance ») à environ 9 x 10^{-10} K.m^2.W^{-1}. Ce calcul nous donne une valeur de conductivité thermique d'environ 2 W.K^{-1}.m^{-1} pour les zones actives des structures émettant à 3,3 µm de longueur d'onde et 3,5 W.K^{-1}.m^{-1} pour celles émettant à 9,3 µm.

IV.2.2) Résultats des simulations pour une technologie standard

Le premier paramètre que nous avons étudié est le sens du montage de la puce laser sur l'embase. La figure IV.7 représente une modélisation d'un ruban de 10 µm de largeur avec une soudure tête en haut (« Up »), avec la face arrière du substrat soudé sur l'embase, et une autre du même ruban avec une soudure tête en bas (« Down »), avec le ruban soudé directement sur l'embase. Les soudures sont considérées idéales avec une couche d'indium parfaitement uniforme (ce sera le cas pour toutes les simulations thermiques de ce manuscrit). La structure simulée est la D628 (feuille de croissance en annexe) émettrice à 9,3 µm avec une technologie standard à isolation résine polymérisée.

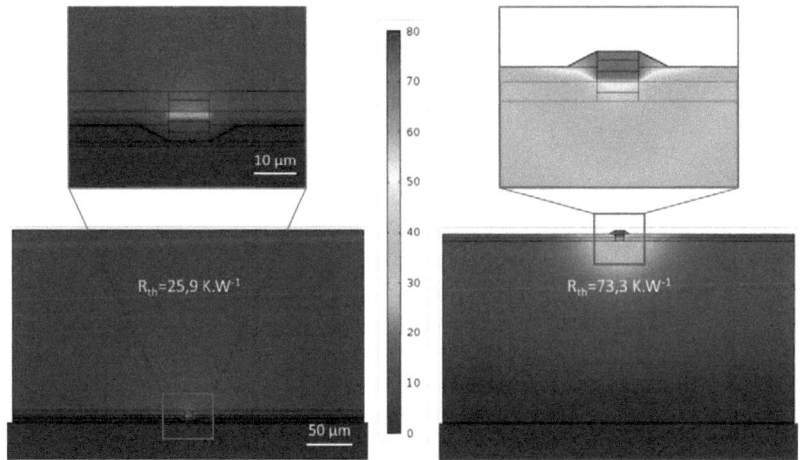

FIGURE IV.7 - Simulations thermiques de rubans de 10 µm de largeur et de 1 mm de longueur de la structure D628 en technologie standard soudés tête en bas (à gauche) et tête en haut (à droite) sur une embase de cuivre. L'échelle de couleurs représente l'échauffement en K par rapport à l'embase.

On peut voir que la résistance thermique est presque trois fois plus faible pour la soudure DOWN. Ceci est dû au fait que, pour un montage DOWN, la dissipation thermique de la zone active s'effectue à la fois par l'embase et par le substrat, qui est thermalisé par les côtés et a une température relativement proche de celle de l'embase. Alors que pour un montage UP, la dissipation thermique ne s'effectue que dans un sens.

Un autre paramètre sur lequel nous pouvons jouer facilement est la largeur des rubans.

Nous avons, sur la figure IV.8, réalisé des simulations thermique en faisant varier cette largeur, en considérant toujours une technologie standard, cette fois sur la structure D628 et sur la D385 (cf. partie II.4) qui émet à 3,3 µm.

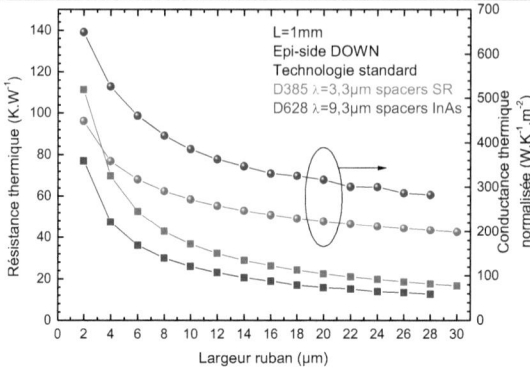

FIGURE IV.8 - Simulations de la résistance thermique (carrés) et la conductance thermique normalisée à la surface du ruban (ronds) en fonction de la largeur du ruban de la structure D385 émettant à λ=3,3 μm et de la D628 émettant à λ=9,3 μm.

Ces simulations nous démontrent un réel intérêt thermique à réaliser des rubans étroits. Nous observons que leur résistance thermique est plus importante mais que leur conductance normalisée à la surface est bien meilleure.

Nous constatons aussi que les QCLs de 9,3 μm de longueur d'onde d'émission ont une meilleure dissipation thermique que ceux de 3,3 μm, avec une conductance thermique d'environ 50 % supérieure à partir de 10 μm de largeur. Sont en cause les spacers à superréseaux qui dégradent considérablement l'évacuation de la chaleur. Nous pouvons cependant remarquer qu'à plus courte longueur d'onde, nous aurons tendance à utiliser des rubans plus étroits.

La figure IV.9 représente une simulation des flux de chaleurs dans la structure D628 avec une technologie standard pour un ruban étroit de 5 μm de large monté tête en bas. Nous en déduisons que la chaleur est presque intégralement extraite verticalement de la zone active alors que d'ordinaire, pour les mésas étroits, la dissipation est surtout latérale [De Naurois, 2012]. Ce phénomène est attribuable à la très faible conductivité thermique de l'isolation résine polymérisée de notre technologie standard. Il est bien visible sur la simulation qu'elle contribue peu au transport de la chaleur.

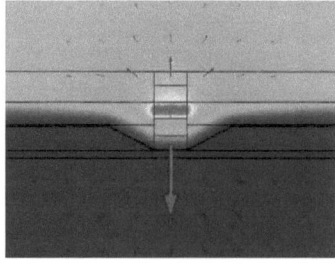

FIGURE IV.9 - Simulation des flux de chaleur dans un QCL monté DOWN de 5 μm de large de la structure D628.

IV.2.3) Isolation diélectrique et or épais

Dans le monde des lasers à semiconducteur, l'isolation usuelle est diélectrique, faite le plus souvent de SiO$_2$ ou Si$_3$N$_4$. Ces matériaux ont des conductivités thermiques respectives de 1,4 W.K^{-1}.m^{-1} et 30 W.K^{-1}.m^{-1}, bien meilleures que celle de notre résine photosensible et ses 0,5 W.K^{-1}.m^{-1}.

La technologie de déposition PECVD alloue de surcroît la possibilité de déposer des couches fines. Une épaisseur de 400 à 500 nm de ces diélectriques est suffisante pour assurer une bonne isolation électrique et un bon confinement optique latéral grâce à l'indice de réfraction faible de ces matériaux. Si une isolation d'une telle épaisseur est cumulée à un dépôt d'or électrolytique épais, cela permet une très bonne extraction thermique latérale des rubans, qui sont alors à proximité immédiate de l'or dont la conductivité thermique est de 317 W.K^{-1}.m^{-1}.

Les simulations thermiques présentées sur la figure IV.10 confirment le potentiel de ces solutions technologiques. Si à grande largeur les performances thermiques ne diffèrent pas trop de notre technologie standard, car l'extraction thermique est alors essentiellement verticale, on peut espérer des augmentations de conductances thermiques théoriques jusqu'à 65 % pour le SiO$_2$ et jusqu'à 200 % pour le Si$_3$N$_4$ pour des largeurs de 6 µm.

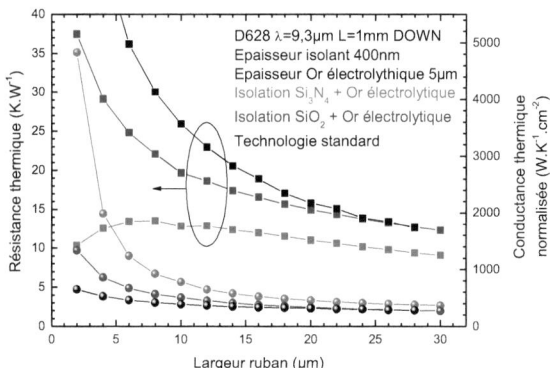

FIGURE IV.10 - Simulations de la résistance thermique (carrés) et la conductance thermique normalisée (ronds) en fonction de la largeur du ruban monté DOWN de la structure D628 pour une technologie standard (en noir) et des technologies à isolation SiO$_2$ (en bleu) et Si$_3$N$_4$ (en rouge) avec dépôt d'or épais.

IV.3) Caractéristiques en régime pulsé de la structure D628 à λ=9,3 μm

A ce stade, nous pouvons présenter plus en détails la structure que nous avons décidé d'étudier en profondeur pour analyser le fonctionnement des QCLs en régime continu, la structure D628 sur laquelle nous avons déjà présenté des analyses de simulations thermiques dans la partie précédente.

Les lasers de cette structure de 3,6 mm de longueur pour 15 μm de largeur ont une densité de courant de seuil d'environ 0,8 kA.cm^{-2} à 80 K et 2,2 kA.cm^{-2} à température ambiante pour une technologie standard alimentée en régime pulsé (figure IV.11 à gauche). Son gain modal mesuré avec la méthode des longueurs sur des lasers de 14 μm de largeur est de 7,8 cm.kA^{-1} pour des pertes internes de 13,8 cm^{-1} (figure IV.11 à droite).

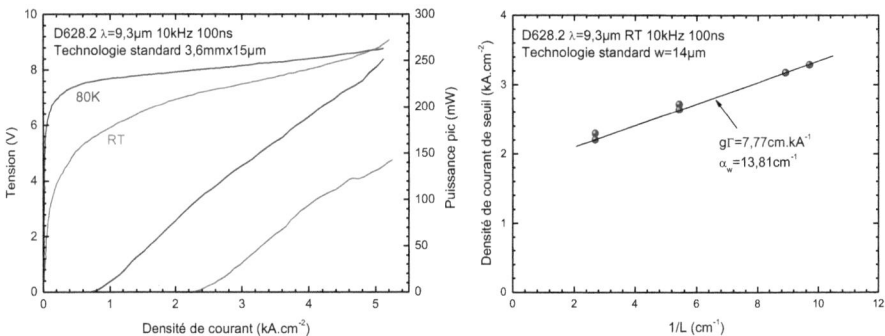

FIGURE IV.11 - Caractéristiques V(J) et P(J) en régime pulsé à 80K (en bleu) et à température ambiante (en rouge) de la structure D628 (à gauche) et ses densités de courant de seuil à température ambiante en fonction de l'inverse de la longueur du ruban (à droite).

Son T_0 est estimé à 160 K autour de la température ambiante (figure IV.12).

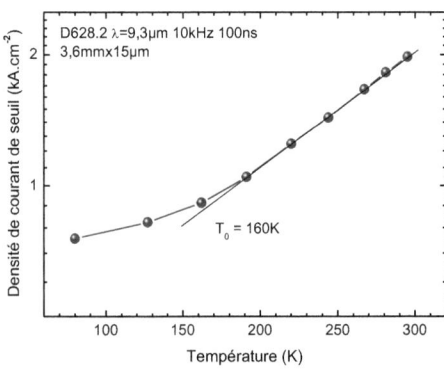

FIGURE IV.12 - Densités de courant de seuil en fonction de la température de la structure D628.

Nous avons préféré cette structure à 9,3 µm à celles à 3,3 µm pour les raisons de dissipations thermiques évoquées dans la partie IV.2.2, mais aussi pour la moindre tension nécessaire au bon fonctionnement à cette longueur d'onde (figure IV.13).

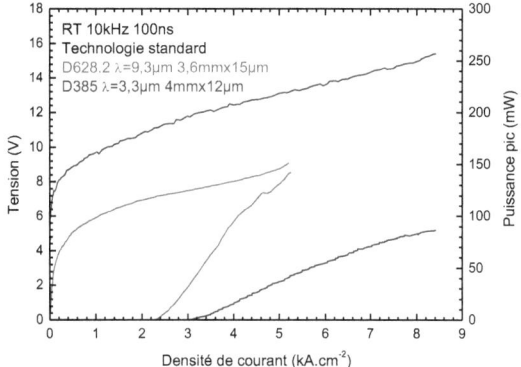

FIGURE IV.13 - *Caractéristiques V(J) et P(J) en régime pulsé à température ambiante de la structure D385 (en bleu) et de la D628 (en rouge).*

Cette structure nécessite donc moins de puissance électrique injectée, a donc moins de chaleur à dissiper et la dissipe mieux. Les conditions pour un fonctionnement en régime continu sont donc beaucoup plus favorables.

D'après les équations (IV.6) et (IV.11), le laser D385 de la figure IV.13 aurait, en considérant une tension au seuil en continu de 12 V, une température maximum de fonctionnement en continu de 116 K à un courant de seuil de 1,5 A contre 249 K à 2,1 A pour le D628 en considérant une tension au seuil de 7,5 V.

IV.4) Rubans étroits

IV.4.1) Etude des courants de fuite

Les lasers aux longueurs d'onde autour de 9 µm que nous avons réalisés présentent presque toujours des courants de fuite, observables sous faible polarisation.

Ce phénomène est attribuable aux effets de bord, à l'interface de l'isolation et de la zone active, qui facilitent la circulation du courant sur les flancs du ruban. Ils sont d'autant plus visibles sur les caractéristiques densités de courant – tensions si les rubans sont étroits et la structure peu dopée, leur proportion au courant total étant alors davantage importante (figure IV.14).

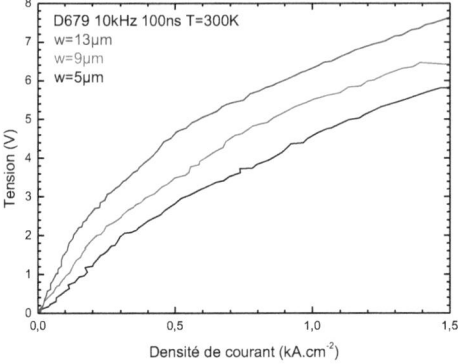

FIGURE IV.14 - *Caractéristique V(J) en régime pulsé de QCLs de la structure peu dopée D679 à λ=9,3 µm pour des rubans de largeur de 13 µm (en bleu), 9 µm (en rouge) et 5 µm (en noir). La différence de densité de courant est attribuable à des courants de fuite sur les bords des rubans.*

Ces courants de fuite peuvent néanmoins être supprimés (figure IV.15 à droite) si, après gravure des mésas, nous plongeons quelques minutes l'échantillon dans un bain d'acide citrique, qui va graver sélectivement l'InAs. L'AlSb est alors en surplomb par rapport à l'InAs (figure IV.15 à gauche), ce qui va augmenter la résistance sur les flancs du ruban et donc limiter la circulation des courants de fuite.

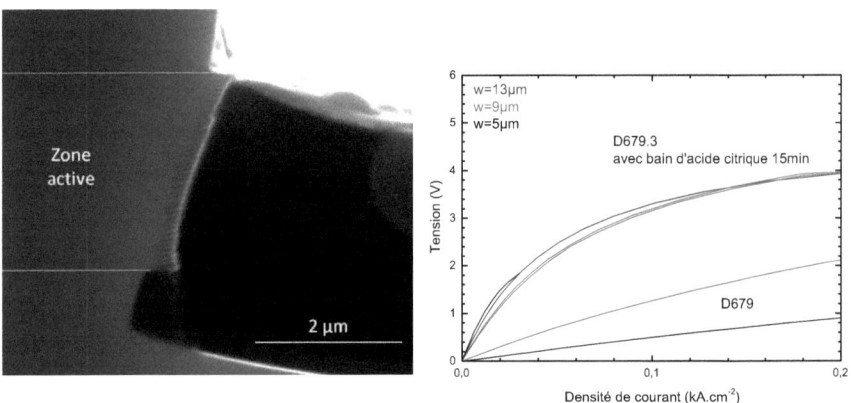

FIGURE IV.15 – *Photographie MEB des flancs d'une zone active après un bain d'acide citrique de 15 minutes (à gauche). Caractéristique V(J) en régime continu de QCLs de la structure peu dopée D679 à λ=9,3 µm pour des rubans de largeur de 13 µm (en bleu), 9 µm (en rouge) et 5 µm (en noir) avec et sans suppression des courants de fuite dans un bain d'acide citrique (à droite).*

IV.4.2) Pertes optiques des isolants

Si les rubans sont étroits, leur dissipation thermique en est augmentée mais une part non négligeable du mode optique pénétrera dans les couches d'isolation. Il est donc nécessaire que ces matériaux présentent un minimum d'absorption aux longueurs d'onde des lasers sans quoi les pertes optiques risquent d'être importantes et le courant de seuil dégradé.

Nous avons mesuré expérimentalement ces pertes en fonction de la longueur d'onde. Pour ce faire, nous avons réalisé, à partir de la source du FTIR modulée en fréquence, des mesures de transmission en incidence normale sur ces matériaux déposés sur des substrats de GaAs polis double face. Ces mesures nous ont permis de déduire les pertes optiques des isolants grâce à un calcul basé sur la méthode des matrices de transfert [Rosencher, 2002], afin de tenir compte des réflexions aux interfaces du substrat, des matériaux isolants et de l'air, et des interférences associées.

Ces pertes optiques (figure IV.16) se sont avérées très élevées pour la résine polymérisée, à 960 cm^{-1}, et extrêmement élevées pour le SiO_2 et le Si_3N_4, à 30500 cm^{-1} et 5500 cm^{-1}, du même ordre de grandeur que les valeurs de la littérature, aux alentours de 9,3 µm, ce qui les disqualifie d'ores et déjà pour la réalisation de lasers très étroits.

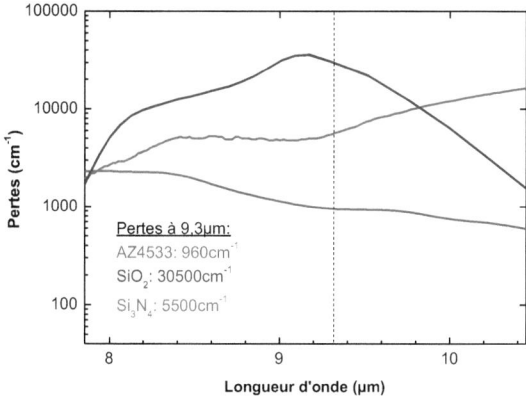

FIGURE IV.16 - Pertes optiques en fonction de la longueur d'onde de la résine polymérisée AZ4533 (en vert), du SiO_2 (en bleu) et du Si_3N_4 (en rouge).

Nous pouvons aussi estimer ces pertes à partir des mesures expérimentales des lasers. Pour ce faire nous avons relevé les densités de courant de seuil en fonction de la largeur sur la structure D628 émettant à une longueur d'onde de 9,3 µm utilisant la résine polymérisée comme isolation (figure IV.17).

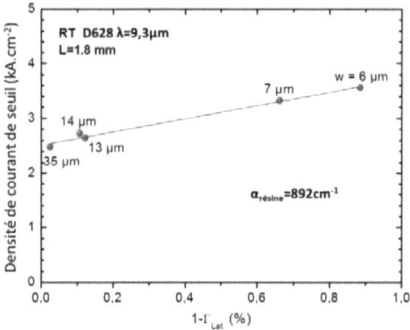

FIGURE IV.17 - Densités de courant de seuil en fonction du recouvrement du mode optique avec l'isolation résine de la structure D628.

Comme les pertes du guide d'onde sont égales à la somme des pertes de chaque section du guide α_i factorisées par les recouvrements du mode optique avec celles-ci Γ_i :

$$\alpha_w = \sum_i \Gamma_i \alpha_i \qquad (IV.18)$$

Les pertes du guide d'onde peuvent être décomposées en pertes hors de l'isolation $\alpha_{hors\ lat}$ et en pertes latérales α_{lat} dans l'isolation, qui sont fonction des pertes de la résine polymérisée $\alpha_{résine}$ et du recouvrement latéral Γ_{lat} :

$$\alpha_w = \alpha_{lat} + \alpha_{hors\ lat} = (1 - \Gamma_{lat})\alpha_{résine} + \alpha_{hors\ lat} \qquad (IV.19)$$

Nous avons réalisé des simulations optiques sur COMSOL (cf. III.3.1) de pénétration du mode fondamental dans la résine en fonction de la largeur des rubans. Nous avons pu déduire les pertes de la résine à partir de la pente de la densité de courant de seuil en fonction de la pénétration du mode dans la résine (figure IV.15) et du gain modal calculé à 7,8 cm.kA^{-1} (figure IV.11 à droite) selon la formule :

$$J_{th} = \frac{(1 - \Gamma_{lat})\alpha_{résine} + \alpha_{hors\ lat} + \alpha_m}{g\Gamma} \qquad (IV.20)$$

Nous avons trouvé des pertes dans la résine polymérisée de 892 cm^{-1}, en plutôt bon accord avec les mesures de transmission qui les estiment à 960 cm^{-1}. Nous pouvons ainsi estimer les pertes du guide d'onde hors de l'isolation de la structure D628 à 12,5 cm^{-1} et des pertes latérales α_{lat} d'environ 8,5 cm^{-1} pour un ruban de 6 μm de largeur et de 1,2 cm^{-1} pour 13 μm.

IV.4.3) Impact sur les lasers étroits

Nous pouvons désormais réaliser des simulations optiques avec des modèles enrichis des parties imaginaires des indices de la résine polymérisée et surtout du SiO_2 et du Si_3N_4.

Nous sommes par conséquent capables de déterminer la part des pertes du guide d'onde hors de la zone active $\alpha_{hors\ ZA}$ (qui correspondent aux pertes simulées en considérant des pertes nulles dans la zone active) associées à de telles technologies en fonction de la largeur du ruban (figure IV.18). Et nous constatons qu'au-dessus d'une largeur de ruban de 16 μm, le mode optique fondamental ne pénètre plus dans l'isolation et les pertes sont quasiment identiques à celle de la technologie résine standard.

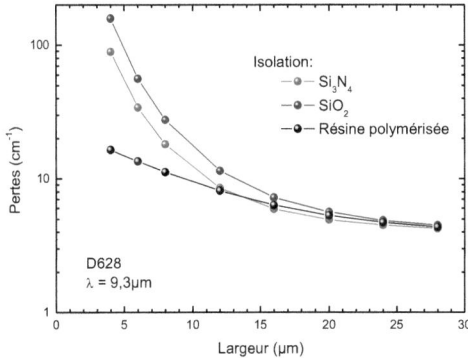

FIGURE IV.18 - *Simulations des pertes du guide d'onde hors zone active en fonction de la largeur des rubans de la structure D628 isolés avec du Si_3N_4 (en rouge), du SiO_2 (en bleu) et de la résine polymérisée (en noir).*

Les pertes du guide d'onde peuvent être décomposées en pertes hors de la zone active et pertes dans la zone active, qui sont fonction des pertes de la zone active α_{ZA} et du recouvrement du mode optique avec la zone active Γ :

$$\alpha_w = \Gamma \alpha_{ZA} + \alpha_{hors\ ZA} \qquad (IV.21)$$

A partir des mesures de gain modal $g\Gamma$ à 7,8 cm.kA^{-1}, de pertes totales de guide d'onde α_w de 13,8 cm^{-1} des lasers en technologie standard de 14 μm de largeur (figure IV.11 à droite) et de nos simulations de cette même technologie sur le recouvrement avec la zone active Γ estimé à 48 % et les pertes hors zone active $\alpha_{hors\ ZA}$ estimées à 5,1 cm^{-1}, nous sommes en mesure d'estimer les pertes de la zone active $\alpha_{ZA} = (\alpha_w - \alpha_{hors\ ZA})/\Gamma$ calculées à 18,2 cm^{-1} et le gain $g = g\Gamma/\Gamma$ calculé à 16,2 cm.kA^{-1}.

L'équation suivante nous permet d'estimer les densités de courant de seuil en régime pulsé (figure IV.19) avec les technologies standard, SiO_2 et Si_3N_4:

$$J_{th} = \frac{\alpha_{ZA}}{g} + \frac{\alpha_{hors\ ZA} + \alpha_m}{g\Gamma} \qquad (IV.22)$$

Où les pertes aux miroirs α_m sont calculées à 3,3 cm^{-1} à partir de l'équation (I.3) pour une longueur typique de 3,6 mm.

A partir des mesures de T_0 en technologie standard et de nos simulations de conductances thermiques (fig. IV.10), nous sommes à même, en utilisant l'équation (IV.6), de déterminer les densités de courant de seuil en régime continu que nous avons présentées sur la figure IV.19.

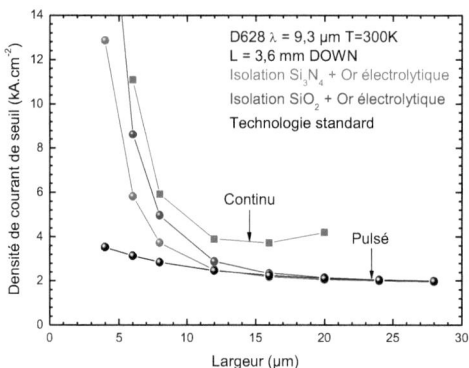

FIGURE IV.19 - Simulations des densités de courant de seuil en régime pulsé (rond) et continu (carrés) de lasers de 3,6 mm de long de la structure D628 pour une technologie standard (en noir) et pour des technologies à isolation Si_3N_4 (en rouge) et SiO_2 (en bleu) avec dépôt d'or épais.

Cette figure nous enseigne qu'il est théoriquement impossible d'atteindre une émission laser en régime continu à température ambiante en technologie standard et SiO_2 sur la structure D628 mais, qu'une technologie isolation Si_3N_4 et or épais avec des largeurs comprises entre 12 et 20 µm (en considérant la densité de courant maximum de cette structure de 4,5 kA.cm^{-2}) serait capable d'y parvenir avec une densité de courant de seuil optimum de 3,75 kA.cm^{-2} à 16 µm de largeur.

Cette étude met en avant le potentiel des simulations de courants de seuil en continu. Elle nous permet cette fois de prédire le meilleur isolant et la largeur la plus adaptée pour atteindre un fonctionnement en régime continu pour un QCL de 3,6 mm de longueur de la structure D628. Nous verrons plus tard que cette méthode peut nous permettre d'établir bon nombre de paramètres optimaux tels que la longueur la plus appropriée. Elle peut aussi s'appliquer au calcul des paramètres permettant de délivrer le maximum de puissance optique (cf. IV.1.2).

IV.5) Etude expérimentale en régime continu de la technologie standard

IV.5.1) Résultat de la technologie standard

La structure D628 a été testée en régime continu, dans un premier temps avec une technologie standard.

Cette structure a fonctionné en régime continu jusqu'à 232 K pour un laser de 1,8 mm de long pour 6,7 µm de large (figure IV.20 à gauche). Sa résistance thermique est estimée à environ 21 K.W^{-1} (figure IV.18 à droite), en parfaite adéquation avec les simulations de la figure IV.8 qui prédisent, pour des dimensions de 6,7 µm sur 1,8 mm, une résistance thermique de 19 K.W^{-1}, à laquelle nous devons ajouter une résistance thermique en série due au montage expérimental.

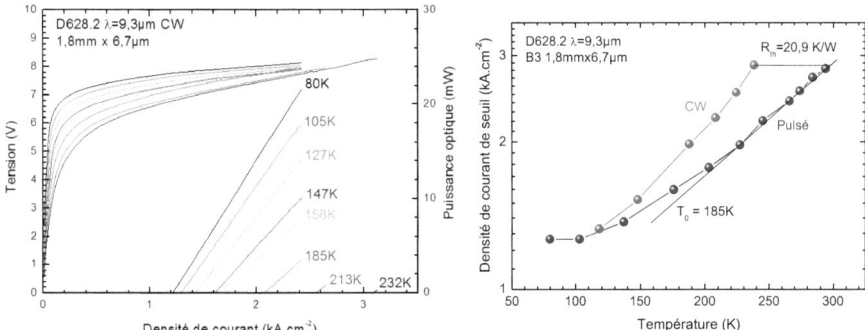

FIGURE IV.20 - Caractéristiques V(J) et P(J) en régime continu de la structure D628 en technologie standard pour différentes températures (à gauche) et ses densités de courant de courant de seuil en régime pulsé (en bleu) et continu (en rouge) en fonction de la température.

La résistance thermique totale est en effet la somme de la résistance thermique du composant et de la résistance thermique en série entre le doigt froid du cryostat et l'embase. La résistance thermique en série a été mesurée à 2 K.W^{-1} de façon expérimentale en soudant une thermistance sur une embase. Cela nous a permis de mesurer directement la température de l'embase et de la comparer à celle du doigt froid du cryostat.

Cette résistance thermique aurait également pu être extraite de mesures de résistances thermiques de lasers de même largeur mais de différentes longueurs. Cependant la dispersion de ce type de mesures aurait rendu l'exercice compliqué. Cette dispersion tient pour beaucoup à la difficulté de réaliser de façon répétée des soudures de bonne facture.

IV.5.2) Montage tête-en-bas des lasers sur l'embase

Sur certaines structures, malgré une technologie et une soudure sans défauts apparents, un nombre important de lasers n'ont pas les performances escomptées en régime continu.

Nous avons tenté de déterminer les causes de ces dysfonctionnements, en observant avec une caméra thermique InSb, qui détecte entre 2 et 5 µm, la face arrière non métallisée de plusieurs composants soudés tête en bas sous injection de courant continu.

Grâce à la transparence du substrat d'InAs au-dessus de 4 µm de longueur d'onde, nous avons pu observer l'impact que peut avoir une mauvaise soudure sur l'échauffement du laser. Sous l'effet de l'augmentation du courant injecté, les zones du laser mal plaquées sur l'embase (figure IV.21) voyaient leur température s'élever beaucoup plus rapidement que les zones bien plaquées. Plus les lasers observés étaient mal plaqués plus élevées étaient leurs résistances thermiques mesurées expérimentalement.

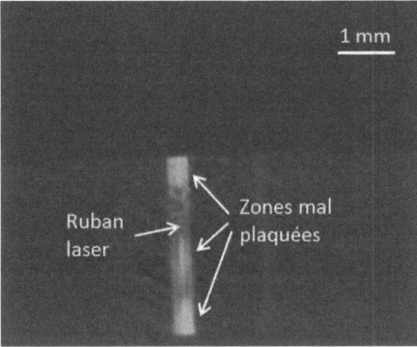

FIGURE IV.21 - *Photographie thermique d'un ruban laser mal soudé sur son embase alimenté à faible courant continu.*

Afin d'améliorer la qualité de la soudure à l'indium du ruban sur l'embase et sa reproductibilité, nous avons réalisé de nombreux tests de montage. Nous avons comparé l'étalage manuel de l'indium sur l'embase à un dépôt électrolytique de celui-ci, dans différentes conditions de déposition. Nous avons confronté le plaquage du ruban sur l'embase à la main à celui effectué par une machine de report automatique de composants, en faisant varier différents paramètres tels que la pression exercée sur le laser au contact de l'embase, la température de l'embase et les vitesses de montée et de redescente de la température.

Il s'est avéré à l'issue de tous ces essais que, malgré ses limites, le montage manuel est souvent le plus efficace.

Sur certains rubans, il y avait des zones ponctuelles où la température était beaucoup plus élevée que sur le reste du laser (figure IV.22). Nous les avons identifiées comme étant des défauts dans la structure cristalline. Ces rubans avaient souvent des performances en pulsé satisfaisantes mais présentaient des résistances thermiques beaucoup plus élevées que ceux vierges de défauts et se détérioraient beaucoup plus rapidement sous l'action du courant.

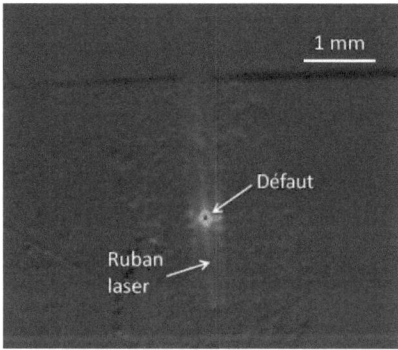

FIGURE IV.22 - Photographie thermique d'un ruban laser bien soudé sur son embase mais pourvu d'un défaut cristallin alimenté à faible courant continu.

Ce dispositif de vérification s'est montré très utile. Il nous a permis d'avoir une meilleure interprétation des performances observées en régime continu. Nous pouvions alors déterminer si un mauvais fonctionnement était attribuable à la qualité de la technologie, ou si celles du montage et de la croissance étaient en cause.

IV.5.3) Réduction du nombre de périodes de zone active

Un moyen de réduire la puissance électrique à dissiper est de réduire le nombre de périodes de zone active. En effet, si la tension appliquée est proportionnelle au nombre de périodes, le courant de seuil ne lui est en revanche pas inversement proportionnel, comme nous allons le voir plus loin.

En utilisant la même méthode que dans la partie IV.4.3, nous allons chercher le nombre de période adéquat à un bon fonctionnement en régime continu pour la structure de référence D628 en technologie standard.

Nous avons réalisé des simulations optiques en faisant varier l'épaisseur de zone active pour évaluer le confinement dans la zone active et les pertes du guide d'onde et constaté qu'ils ne variaient pas linéairement avec celle-ci (figure IV.23).

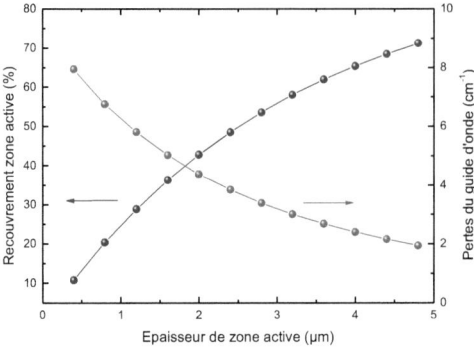

FIGURE IV.23 - Simulations du recouvrement du mode TM00 avec la zone active (en bleu) et des pertes optiques du guide d'onde hors zone active (en rouge) en fonction de l'épaisseur de zone active d'une structure ayant le même guide d'onde que la D628. L'épaisseur de la D628 est de 2,4 µm

Nous avons évalué l'impact sur la dissipation thermique de la variation de l'épaisseur de zone active et relevé une nette détérioration des performances pour les grandes épaisseurs (figure IV.24). Ce qui est dû à la mauvaise conductivité thermique verticale de la zone active de 2 $W.K^{-1}.m^{-1}$.

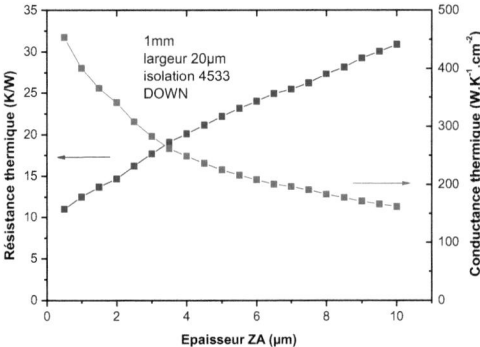

FIGURE IV.24 - Simulations de la résistance thermique (en bleu) et de la conductance thermique (en rouge) en fonction de l'épaisseur de zone active d'une structure ayant le même guide d'onde que la D628.

L'évaluation des densités de courant de seuil calculées en mode pulsé et continu nous a révélé une densité de puissance électrique au seuil qui augmente quasiment linéairement avec le nombre de périodes de zone active en mode pulsé et un optimum d'épaisseur de zone active de 1,2 µm pour le régime continu, correspondant à 18 périodes de zone active soit deux fois moins que la structure de référence D628 (figure IV.25).

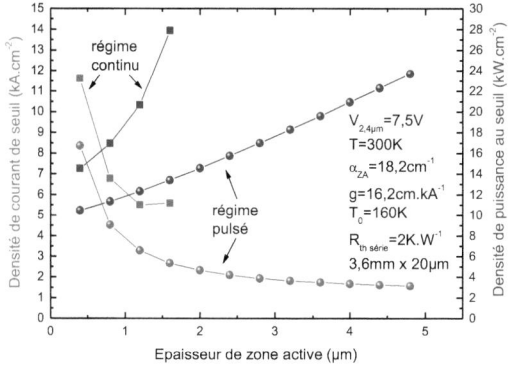

FIGURE IV.25 - Simulations des densités de courant de seuil (en rouge) et des densités de puissance au seuil (en bleu) en régime pulsé (rond) et continu (carrés) de lasers de 3,6 mm de long et 20 µm de large en fonction de l'épaisseur de zone active d'un QCL en technologie standard ayant le même guide d'onde et le même design de zone active que la D628.

Une telle structure, la D643, a été réalisée. Elle a une tension de coude deux fois inférieure à la D628 et une densité de courant de seuil en régime pulsé proche de 3 kA.cm^{-2} à température ambiante (figure IV.26), ce qui est conforme aux prédictions (figure IV.25). Sa densité de courant maximum est en revanche moins élevée, de l'ordre de 4 kA.cm^{-2}.

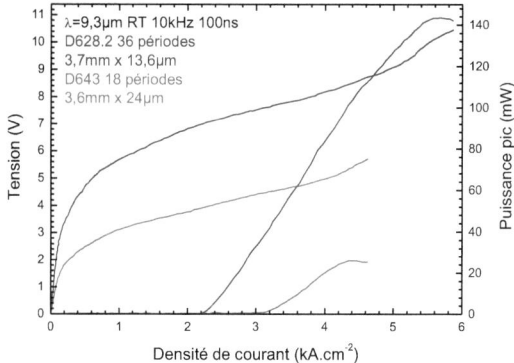

FIGURE IV.26 - Caractéristiques V(J) et P(J) en régime pulsé à température ambiante de la structure D643 (en rouge) de 18 périodes de zone active et de la 628 (en bleu) de 36 périodes.

Si nous ramenons ces tensions à une période (figure IV.27 à gauche), en divisant les tensions de la D628 et de la D643 par 37 et 19, pour tenir compte de la tension de l'entrée et de la sortie de zone active équivalentes celle d'une période (cf. II.3), nous observons un plus fort courant pour la D628. Ceci prête à penser que la D643 est légèrement moins dopée, ce qui réduit sa dynamique en courant. Ce dopage plus faible pourrait être lié à une dérive des flux de dopants pendant l'épitaxie ou à un meilleur dopage résiduel. Son T_0, évalué à 203 K sur un laser de 2,7 mm sur 20 µm (figure IV.27 à droite), est supérieur à celui de la structure D628 estimé à 160 K. Ce qui pourrait s'expliquer par un thermal backfilling moins important, qui pourrait être lié au dopage moindre.

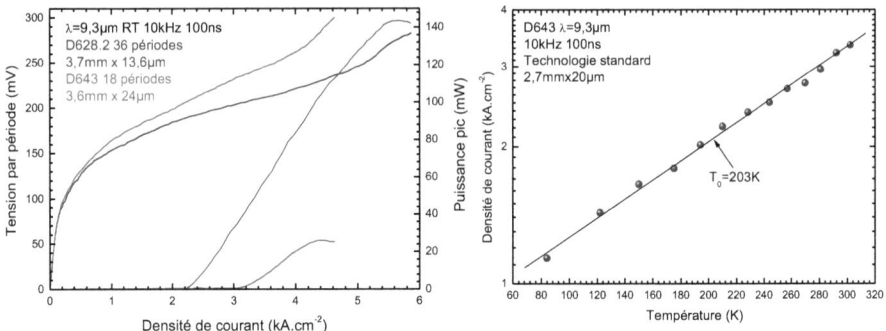

FIGURE IV.27 - Tension par période et puissance optique en fonction de la densité de courant en régime pulsé à température ambiante (à gauche) de la structure D643 (en rouge) de 18 périodes de zone active et de la 628 (en bleu) et densités de courant de seuil en fonction de la température de la D643 (à droite).

Cette structure a fonctionné en régime continu jusqu'à une température de 164 K à une densité de courant de seuil de 2,4 kA.cm^{-2} pour un laser de 3,7 mm sur 24 µm (figure IV.28 à gauche). Au-delà de cette température, l'augmentation trop importante de la tension avec la densité de courant et la trop faible dynamique en courant ont empêché l'émission laser.

Les dimensions de ce laser n'étaient pas les meilleures pour atteindre la plus haute température de fonctionnement en continu. Il est cependant celui ayant été poussé le plus loin en température. Ceci est sûrement dû au fait qu'il était l'un des rares, que nous ayons observé avec le dispositif décrit dans la partie IV.5.2, à être dépourvu de défauts cristallins.

La résistance thermique de ce même composant a été estimée à 7,15 K.W^{-1} (figure IV.28 à droite) soit plus que les simulations thermiques qui prévoyaient 5 K.W^{-1}, en tenant compte des dimensions du composant réel et de la résistance thermique en série du cryostat.

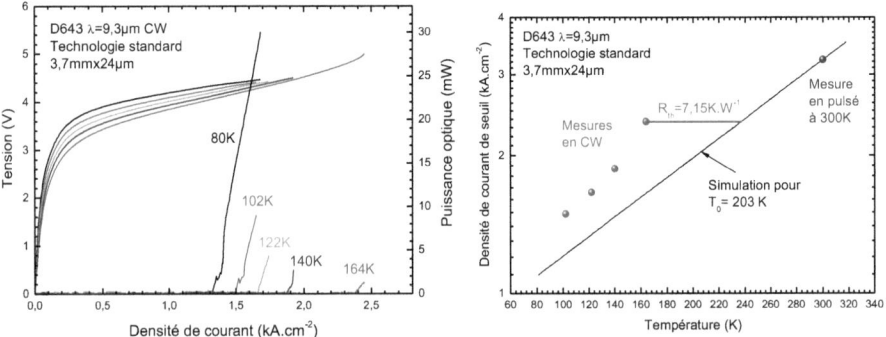

FIGURE IV.28 - Caractéristiques V(J) et P(J) en régime continu de la structure D643 en technologie standard pour différentes températures (à gauche) et ses densités de courant de courant de seuil en régime pulsé (en bleu) et continu (en rouge) en fonction de la température.

Nous venons de montrer que les simulations de courants de seuil en continu permettent de prédire le nombre de zone active le plus adapté au fonctionnement en régime continu. Il a été établi que ce paramètre peut jouer un rôle très important. Si le dopage trop faible et les nombreux défauts cristallins de cette structure ne nous ont pas permis d'atteindre le régime continu à température ambiante, il pourrait être très profitable de retenter l'expérience.

IV.6) Evolution de la technologie des QCLs pour le fonctionnement en régime continu

IV.6.1) Etude expérimentale d'une technologie avec isolation Si_3N_4 et dépôt d'or épais

Nous avons réalisé une technologie avec isolation Si_3N_4 et dépôt d'or épais. Hors l'isolation et le dépôt d'or épais, les étapes sont identiques à celle de la technologie standard (cf. I.6).

L'isolation est réalisée par un dépôt de Si_3N_4 par PECVD à 200°C, suivi des ouvertures réalisées dans un bâti ICP-RIE avec une recette adaptée à la gravure de Si_3N_4, après le même niveau de masquage que celui des ouvertures de la technologie standard. Le masque de résine est enlevé juste après cette gravure dans ce même bâti avec une recette de plasma d'oxygène.

Le dépôt d'or électrolytique (illustré sur la figure IV.29) est réalisé juste après la métallisation habituelle. Après y avoir soudé un fil électrique, la face arrière de l'échantillon est collée avec une cire isolante sur une lame de verre pour préserver cette face du dépôt. L'échantillon est alors plongé dans un bain d'électrolyse saturé en or de « Semiplate Au-100 » et le fil électrique relié à la cathode du dispositif. Un courant électrique est alors envoyé dans l'anode en vis-à-vis de l'échantillon, son intensité est calculée en fonction de la surface de l'échantillon pour correspondre à une densité de courant d'environ 0,5 mA.cm^{-2}. Les ions Au$^+$ vont alors se déposer sur les surfaces conductrices de l'échantillon (celles qui sont déjà métallisées) à une vitesse de l'ordre de 2 µm par heure.

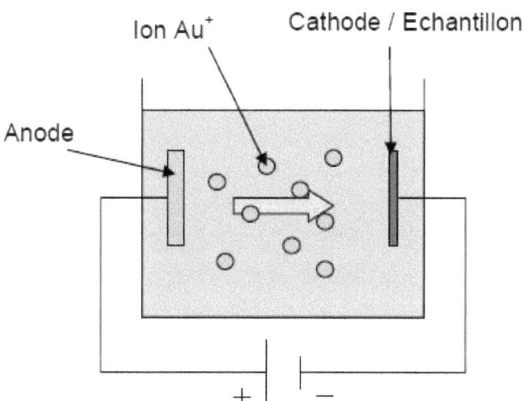

FIGURE IV.29 - Schéma du fonctionnement de la déposition d'or électrolytique.

La figure IV.30 montre une photographie réalisée au microscope électronique d'une facette d'un ruban de cette technologie avec une isolation de Si₃N₄ de 500 nm d'épaisseur et un dépôt d'or électrolytique de 4,5 µm d'épaisseur.

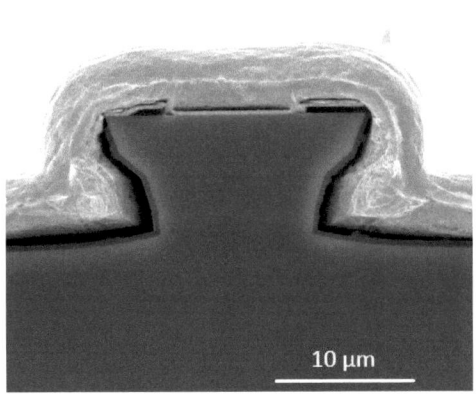

FIGURE IV.30 - Photographie MEB d'une facette d'un ruban de la structure D628 avec isolation Si₃N₄ et dépôt d'or électrolytique.

La caractérisation de ces lasers en régime pulsé (figure IV.31) nous a révélé des performances en deçà de nos prévisions. Le courant y est nettement plus important que dans la technologie standard, ce qui laisse supposer l'apparition de courants de fuites dans cette technologie qui dégradent fortement les seuils en régime pulsé, rendant le fonctionnement en courant continu à température ambiante inenvisageable.

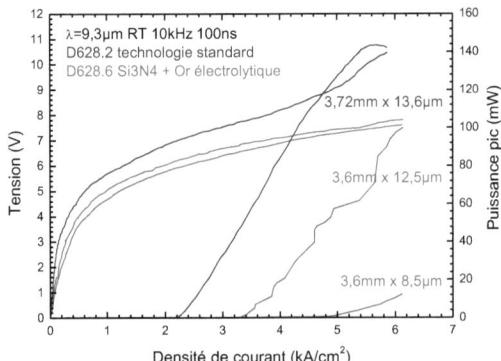

FIGURE IV.31 - Caractéristiques V(J) et P(J) en régime pulsé à température ambiante de la structure D628 en technologie standard (en bleu) et avec isolation Si₃N₄ et dépôt d'or électrolytique (en rouge).

Des mesures en courant continu ont néanmoins été réalisées sur un laser monté DOWN de 3,6 mm sur 12,5 µm qui a fonctionné jusqu'à 120 K avec une densité de courant de seuil de 1,7 kA.cm^{-2} (figure IV.32 à gauche). Sa résistance thermique a été estimée à 8 K.W^{-1} au lieu des 5,5 simulés en considérant la résistance thermique en série et la longueur du ruban (figure IV.32 à droite), soit à peine meilleure que celle simulée sur une technologie standard à 8,2 K.W^{-1}. Cette différence est peut-être attribuable à une soudure de mauvaise qualité. Mais ces lasers sont, quoi qu'il en soit, pénalisés par leur courant de seuil dégradé.

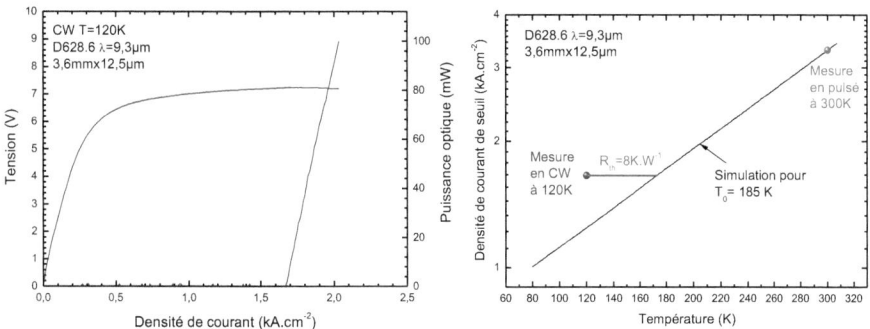

FIGURE IV.32 - Caractéristiques V(J) et P(J) en régime continu à 120 K de la structure D628 avec isolation Si$_3$N$_4$ et dépôt d'or électrolytique (à gauche) et ses densités de courants de seuil en régime pulsé, simulées (trait noir) sur la base de sa valeur à 300 K (en rouge) et de son T$_0$, et en régime continu (en bleu) en fonction de la température (à droite).

IV.6.2) Isolation mixte résine polymérisée et Si_3N_4

Cette analyse a été réalisée sur la structure D681 dont la zone active est identique à la D628 mais dont le guide d'onde diffère légèrement. La feuille de croissance de cette structure est présentée en annexe.

La résine ayant beaucoup moins de pertes optiques que le Si_3N_4 mais une conductivité thermique bien plus faible, nous avons décidé de tester une isolation hybride, avec une couche fine de résine sur les flancs du ruban, pour limiter les pertes, et du Si_3N_4 qui enrobe tout le reste de la face avant du composant pour favoriser la thermalisation du substrat en montage down.

De plus, avec cette technologie nous espérons, sinon endiguer le phénomène de courants de fuite observé sur la technologie avec isolation Si_3N_4, comprendre si son origine est à chercher dans le Si_3N_4 qui recouvre les flancs de la zone active ou dans les contraintes thermiques auxquelles est soumis le laser pendant le dépôt PECVD.

Les simulations thermiques (figure IV.33) prédisent pour cette solution mixte une réduction de 30% de la résistance thermique pour une largeur standard de 12 µm, de 29,4 à 20,5 K.W^{-1} pour 1 mm de longueur et un substrat de 400 µm de large, une résistance thermique suffisamment faible pour espérer de bonnes performances en courant continu. La dissipation thermique latérale autour du ruban n'est quasiment pas améliorée mais le substrat évacue bien sa chaleur vers l'embase via le Si_3N_4, ce qui permet une bonne extraction de la chaleur aussi bien vers le haut que vers le bas.

FIGURE IV.33 - Simulations thermiques d'un ruban laser (structure D681) monté DOWN de 12 µm de large et 1 mm de longueur avec un substrat de 400 µm de largeur pour une technologie standard (à gauche) et une isolation résine + Si_3N_4 (à droite).

Les caractérisations de cette technologie (figure IV.34) n'ont pas été à la hauteur de nos espérances. La résistance thermique du composant a bien été réduite, moins que nos prévisions, mais tout de même à hauteur de 22 % (figure IV.35 à droite), car estimée à 23,1 K.W^{-1} pour un laser de 1 mm en considérant la résistance thermique en série de 2 K.W^{-1}. En revanche le courant de seuil s'est dégradé d'environ 30 % sous l'effet de courants de fuites visibles sur la caractéristique densité de courant - tension de la figure IV.35 à gauche. Ce surplus de courant rend le produit puissance électrique – résistance thermique défavorable au fonctionnement en courant continu à température ambiante.

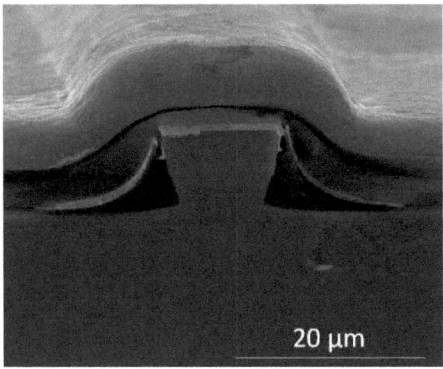

FIGURE IV.34 – Photographie MEB d'une facette d'un QCL de la structure D681 avec isolation hybride.

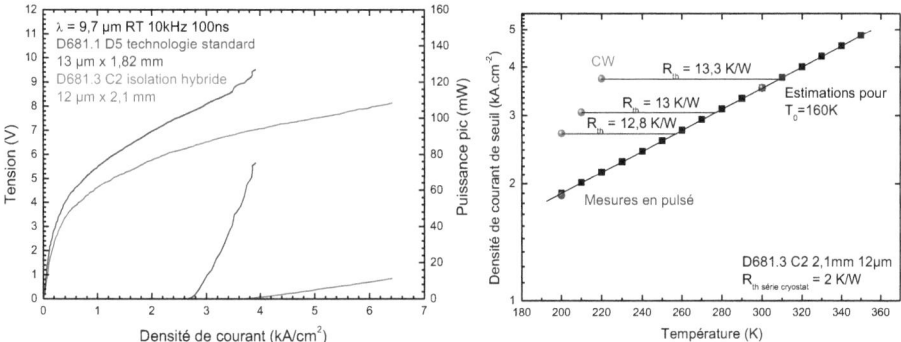

FIGURE IV.35 - Caractéristiques V(J) et P(J) en régime pulsé à température ambiante (à gauche) de la structure D681 en technologie standard (en bleu) et avec isolation hybride (en rouge) et ses densités de courants de seuil en régime pulsé, simulées (en noir) sur la base de leurs valeurs à 200 et 300 K (en bleu) et de son T_0, et en régime continu (en rouge) en fonction de la température (à droite).

Ces courants de fuite sont peut-être la conséquence d'une détérioration des flancs de la zone active lors du dépôt PECVD de Si_3N_4 sous l'effet de la température de 200 °C du bâti, considérée comme limite basse de température pour avoir un dépôt de Si_3N_4 de qualité acceptable dans notre laboratoire. Une autre hypothèse est que les gaz employés dans le bâti PECVD diffusent à travers la fine couche de résine et dégradent les flancs du ruban.

Il est à noter que lors de la technologie standard l'échantillon est également exposé à une température 200 °C lors de la polymérisation de la résine d'isolation, mais la montée en température à laquelle il est soumis est alors plus douce, l'enceinte du four étant initialement à température ambiante.

Si le fonctionnement en régime continu à température ambiante n'a pas été atteint, cette technologie est quand même très intéressante pour son haut rendement en continu car chaque composant testé a au moins fonctionné jusqu'à une température de 200 K.

IV.6.3) Isolation air

Une technique qui pourrait totalement supprimer les pertes latérales consisterait à laisser les flancs du laser à nu. Ceci nous permettrait de réaliser sans dégradation du seuil des rubans étroits qui nécessiteraient une moins grande injection de courant et nous permettraient de réduire l'importance de la résistance thermique en série. Une gravure double canaux avec des canaux étroits nous préserverait d'un court-circuitage lors de la soudure du laser tête en bas sur l'embase.

Les simulations nous prédisent une dissipation thermique quasiment similaire à la technologie standard (figure IV.36), l'extraction thermique y étant presque exclusivement verticale du fait de la très faible conductivité thermique de la résine.

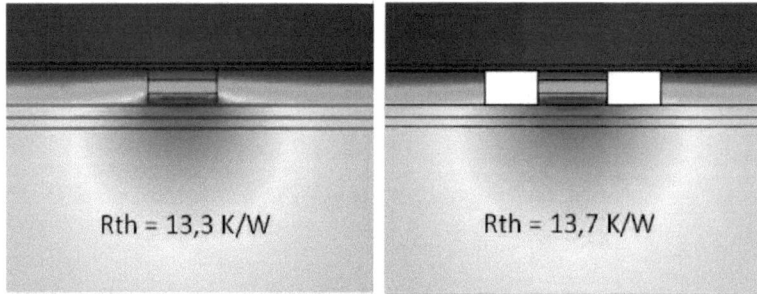

FIGURE IV.36 - Simulations thermiques d'un ruban laser (structure D628) monté DOWN de 4 µm de large et 3,6 mm de longueur pour une technologie standard (à gauche) et une technologie double canaux isolation air (à droite).

Nous pouvons observer une facette d'un ruban de cette technologie sur la figure IV.37. La première étape de cette technologie consiste à déposer de la résine positive que nous ouvrons sur les deux canaux à graver avant de la polymériser. Nous déposons ensuite nos contacts métalliques sur la résine et procédons à la gravure des canaux. Les étapes qui suivent sont identiques à la technologie standard. Le ruban doit cependant être nécessairement soudé tête en bas et de manière uniforme pour nous assurer un pompage électrique de toute sa surface.

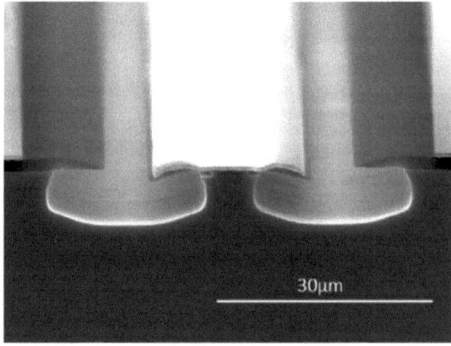

FIGURE IV.37 - Photographie MEB d'une facette d'un ruban de la structure D628 avec isolation air.

La caractérisation de ce laser nous révèle des performances correctes mais aucune amélioration de la densité de courant de seuil pour les rubans étroits (figure IV.38). Une oxydation des flancs du ruban ou une contamination des canaux durant le montage, qui engendreraient des pertes latérales par absorption, pourraient en être la cause.

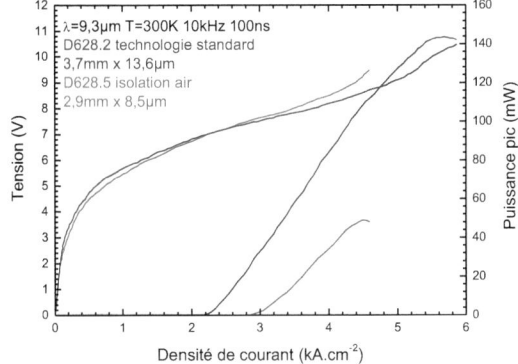

FIGURE IV.38 - Caractéristiques V(J) et P(J) en régime pulsé à température ambiante de la structure D628 en technologie standard (en bleu) et avec isolation air (en rouge).

IV.6.4) Miroir haute réflectivité

Dans la technologie standard, les miroirs sont réalisés par clivage et n'ont qu'une réflectivité d'environ 30%. Ceci engendre des pertes aux miroirs importantes et augmente la densité de courant de seuil des lasers. Ceci est particulièrement vrai pour les lasers ayant des cavités courtes, un laser de la structure D628 de 1 mm ayant, par exemple, des pertes aux miroirs de 12 cm^{-1} d'après l'équation (I.3).

Une technique, largement utilisée dans le monde des lasers, pour augmenter cette réflectivité consiste à appliquer un traitement haute réflectivité (HR) sur une facette des rubans.

Ce traitement consiste généralement à déposer un miroir métallique composé d'une couche de diélectrique isolante, transparente à la longueur d'onde d'émission du laser, puis de métal sur les facettes [Page, 2002].

Nous avons choisi d'effectuer ce traitement uniquement sur la facette arrière d'une de nos structures laser pour ne pas limiter drastiquement la puissance émise, la lumière qui n'est pas réfléchie étant presque intégralement absorbée par le métal.

En guise de diélectrique, nous avons opté pour le ZnS car il présente de très faibles pertes optiques autour de 9 µm de longueur d'onde. Pour le métal, nous avons porté notre dévolu sur le chrome en raison de ses capacités d'accroche. Ces matériaux ont été déposés dans un bâti d'évaporation par canon à électrons.

L'épaisseur de ZnS à déposer a été déterminée via des simulations de réflectivité utilisant les matrices de transfert (présentées sur la figure IV.39) grâce auxquelles nous avons trouvé une épaisseur optimale autour de 1 µm pour une réflectivité théorique d'environ 91 %.

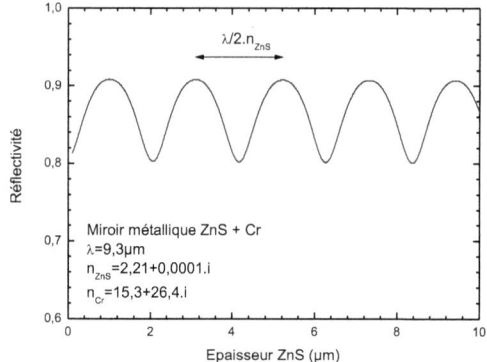

FIGURE IV.39 - Simulation de la réflectivité d'une facette traitée avec des dépôts de ZnS et Cr en fonction de l'épaisseur de ZnS.

La caractérisation a confirmé l'intérêt du traitement haute réflectivité (figure IV.40), avec une diminution de la densité de courant de seuil de 13 %, conforme aux prédictions théoriques pour un laser de 2,7 mm de la structure D643 avec un gain modal de 4,9 cm.kA^{-1}.

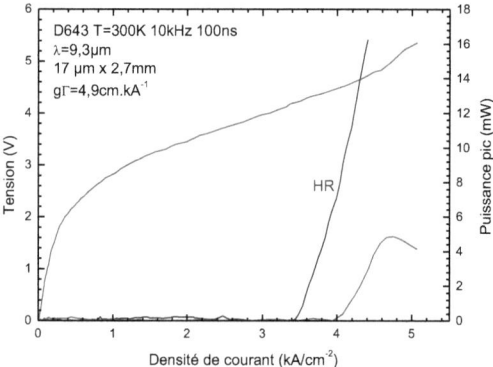

FIGURE IV.40 - Caractéristiques V(J) et P(J) en régime pulsé à température ambiante de la structure D643 en technologie standard avec (en bleu) et sans traitement haute réflectivité de la facette arrière (en rouge).

Ce laser, de la D643, n'a pas bien fonctionné en continu pour les mêmes raisons liées à la forte densité de défauts dans cette structure évoquées dans la partie IV.5.3 précédente. Le traitement HR a en revanche été testé avec succès dans ce régime d'alimentation par la suite.

IV.6.5) Optimum de géométrie

Nous avons montré dans la partie IV.4.3 que nous étions capables de déterminer la largeur la plus adaptée au régime continu. A partir de l'expression des pertes aux miroirs de l'équation (I.3), nous sommes en mesure déterminer les pertes relatives à la longueur du ruban.

Nous pouvons donc, à partir des équations (IV.6) et (IV.11) et de mesures en mode pulsé de gain modal, de T_0 et de pertes optiques d'une structure, simuler la géométrie optimale pour un fonctionnement en régime continu à haute température.

Nous avons réalisé ces simulations sur la structure D418 en technologie standard avec un traitement HR sur une facette. La structure D418 est similaire à la D628 mais a une zone active de 35 périodes un peu plus dopées (sa feuille de croissance figure en annexe).

A température ambiante, sa densité de courant de seuil en régime pulsé est de 2,6 kA.cm^{-2} pour un laser de 13 µm sur 3,6 mm (figure IV.41 à gauche) et sa longueur d'onde d'émission est de 9,7 µm (figure IV.41 à droite).

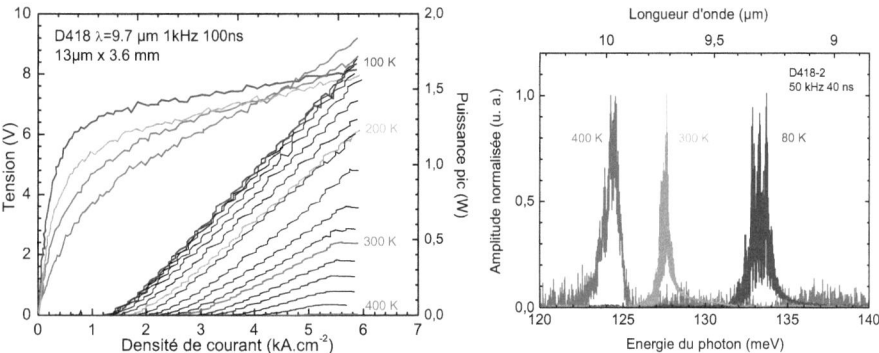

FIGURE IV.41 - Caractéristiques V(J) et P(J) en régime pulsé de la structure D643 en technologie standard pour différentes températures (à gauche) et ses spectres d'émission lasers (à droite) à 80 K (en bleu), 300 K (en vert) et 400 K (en rouge).

Son gain modal et ses pertes internes ont été mesurés respectivement à 9,2 kA.cm^{-1} et à 19 cm^{-1} pour des lasers de 13 µm de large (figure IV.42 à gauche). Son T_0 est estimé à 160 K autour de la température ambiante (figure IV.42 à droite).

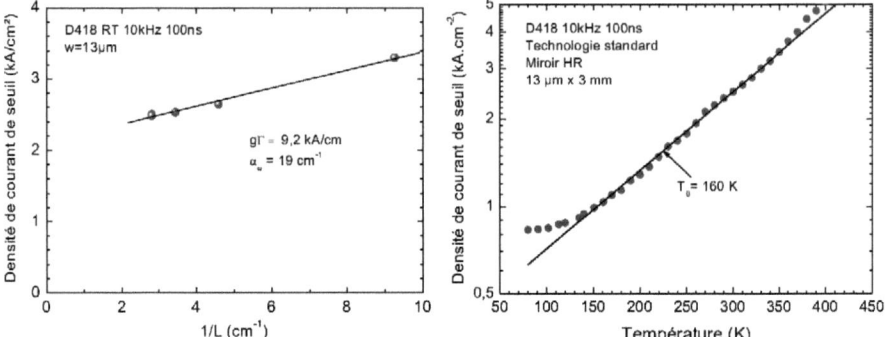

FIGURE IV.42 - Densités de courant de seuil en fonction de l'inverse de la longueur du ruban de la structure D418 en technologie standard sans traitement HR (à gauche) et ses densités de courant de seuil en fonction de la température avec traitement HR (à droite).

Nous avons réalisé le calcul de ses dimensions optimales en considérant la résistance thermique en série de 2 K.W^{-1}. La résistance thermique en série est le facteur limitant pour les lasers de grandes dimensions car sa valeur est indépendante des mensurations du ruban laser et pèse donc beaucoup sur ces lasers dont la résistance thermique est faible mais le courant injecté important. Ce calcul nous indique une température maximale de fonctionnement en régime continu de 247 K pour des dimensions de ruban optimales de 12 µm de largeur et 3 mm de longueur (figure IV.43).

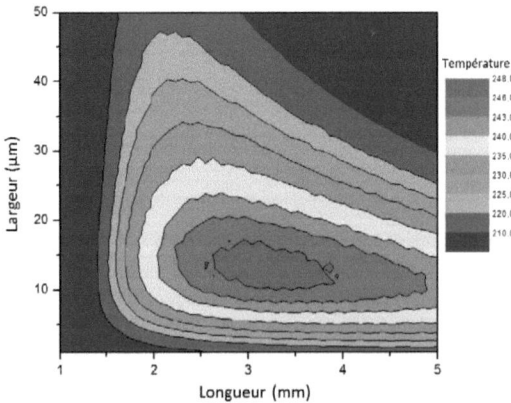

FIGURE IV.43 - Simulations de la température maximum de fonctionnement en courant continu en fonction des dimensions du ruban pour la structure D418 en technologie standard avec traitement HR.

Ces prévisions sont conformes à nos mesures expérimentales, notre meilleur laser ayant atteint 255 K en courant continu avec une longueur de 3,06 mm et 13 µm de largeur (figure IV.44).

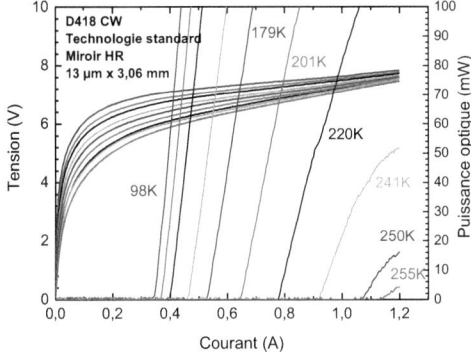

FIGURE IV.44 - Caractéristiques V(J) et P(J) en régime continu d'un ruban de 3,06 mm de longueur et 13 µm de largeur de la structure D418 en technologie standard avec traitement HR pour différentes températures.

IV.7) Conclusion

Nous avons mis au point un modèle de simulations approfondi très utile, qui nous permet de peser l'influence de chaque paramètre sur le fonctionnement en continu et de les ajuster pour en tirer les meilleures performances possibles dans ce régime.

L'étude expérimentale complète que nous avons réalisée nous a permis d'identifier les points bloquants pour l'émission laser à température ambiante en régime continu, tels que les pertes latérales ou les courants de fuite.

Tout cela nous a permis d'établir des pistes prometteuses pour l'avenir. La réalisation d'un QCL avec un nombre réduit de périodes de zone active et un dopage adéquat est sûrement une solution. Une sous-gravure à l'acide citrique des flancs de la zone active lors d'une technologie à isolation Si_3N_4 et or épais ou une isolation hybride avec une fine couche de résine, pourrait sans doute la débarrasser de ses courants de fuite et de bonnes performances en régime continu seraient alors envisageables jusqu'à température ambiante.

Chapitre V : Lasers à cascade quantique épitaxiés sur substrat GaSb

Comme nous l'avons vu dans le précédent chapitre, nous sommes parvenus sur le système de matériaux InAs/AlSb à réaliser une émission laser en courant continu à des températures proches de l'ambiante à des longueurs d'onde autour de 9 µm.

Cependant, pour une émission en dessous de 4 µm, ces performances semblent inaccessibles en utilisant les claddings plasmoniques usuels. Ces claddings, composés d'InAs fortement dopé, assurent un bon confinement dans la zone active, grâce à leurs faibles indices de réfraction, et ont de bonnes propriétés électriques. Ils génèrent néanmoins, du fait de leur dopage, beaucoup de pertes optiques d'absorption par porteurs libres. Ils nécessitent, pour limiter ces pertes, d'avoir recours à des spacers à superréseaux, qui sont quant à eux dévastateurs en termes de dissipation thermique.

Un moyen d'atteindre le régime continu pourrait être d'utiliser des claddings diélectriques. Le seul que nous puissions utiliser sur ce système de matériau est l'AlGaAsSb. Ce matériau est composé pour les éléments de type III, de 90 % d'aluminium pour 10 % de gallium. Le gallium est nécessaire pour assurer la stabilité chimique du matériau, son absence entraînerait une décomposition par oxydation rapide du matériau. Pour les éléments de type V, il est composé de 92 % d'antimoine pour 8 % d'arsenic, l'arsenic étant quant à lui nécessaire pour accorder le matériau sur le substrat.

L'AlGaAsSb est un matériau souvent employé comme cladding dans le monde des lasers interbandes sur GaSb [Garbuzov, 1996] qui semble posséder les qualités adéquates pour s'imposer comme cladding dans le monde des QCLs à base d'antimoniures. Il n'a pas besoin d'être dopé pour disposer d'un faible indice de réfraction. Il ne devrait donc pas engendrer trop de pertes optiques d'absorption par porteurs libres, il possède un grand gap et ne devrait pas non plus générer d'absorption interbande.

Avec de tels claddings sur les QCLs InAs/AlSb, nous pourrions nous abstenir d'avoir recours à des spacers, et ainsi réduire la résistance thermique, tout en réduisant la densité de courant de seuil grâce à une absorption plus faible dans le guide d'onde et un meilleur recouvrement du mode optique avec la zone active.

Si l'AlGaAsSb peut être épitaxié sur substrat InAs, il peut également l'être sur substrat GaSb sur lequel son épitaxie est plus facile à contrôler du fait du moins grand désaccord de maille de cet alliage avec le GaSb. Accorder ce matériau sur ce substrat nécessite une composition en arsenic moindre et permet donc une meilleure conductivité thermique, grâce à une constitution plus proche du binaire. La croissance d'AlGaAsSb sur GaSb est d'autant plus maîtrisable que nous bénéficions de la longue expérience acquise sur les diodes lasers interbandes à base de GaSb dans notre laboratoire [Salhi, 2004].

Il n'a jusqu'à présent jamais été réalisé de laser à cascade quantique utilisant des claddings d'AlGaAsSb ou épitaxiés sur GaSb. Je vais vous présenter dans ce chapitre les études et les résultats que nous avons obtenus sur des lasers à cascade quantique épitaxiés sur substrat GaSb, utilisant des claddings d'AlGaAsSb.

V.1) Le cladding AlGaAsSb

V.1.1) Propriétés optiques

Si nous espérons des pertes très faibles dans l'AlGaAsSb, nous ne pouvons tout de même pas les supposer négligeables. Les pertes optiques de l'AlSb, structure proche de l'$Al_{0,9}Ga_{0,1}As_{0,08}Sb_{0,92}$, dopé N avec 4×10^{17} cm^{-3} de tellure ont été relevées autour de 45 cm^{-1} à 3,3 µm [Turner, 1960] mais ces mesures ont été réalisées en 1960 à une époque où la technologie ne permettait pas d'avoir une bonne qualité de matériau et de contrôler des faibles niveaux de dopage. Nous parions donc sur des pertes beaucoup plus faibles que nous évaluerons de façon expérimentale en caractérisant nos lasers.

Pour évaluer l'apport potentiel de la solution GaSb pour les lasers, nous avons réalisé des simulations optiques, avec le logiciel COMSOL capable de résoudre l'équation d'Helmholtz par la méthode des éléments finis, de structures à 3,3 µm avec des guides d'onde composés uniquement de claddings d'AlGaAsSb.

Nous avons dans un premier temps modélisé une structure QCL en faisant varier l'épaisseur des claddings. Nous avons considéré, pour les claddings, un indice de réfraction réel de 3,178 [Devenson, 2008] pour des pertes nulles à 3,3 µm de longueur d'onde. La zone active de 1,3 µm d'épaisseur a un indice réel de 3,39 calculé à partir des indices de l'InAs et de l'AlSb et de leurs proportions dans la zone active. Le contact électrique en or de 200 nm est modélisé avec un indice de réfraction de 1,9+20,5i [Jensen, 1985]. Les résultats de ces simulations, tracés sur la figure V.1, nous ont permis de sélectionner, pour nos réalisations expérimentales, une épaisseur de 2 µm, au-delà de laquelle les pertes dans le métal deviennent négligeables.

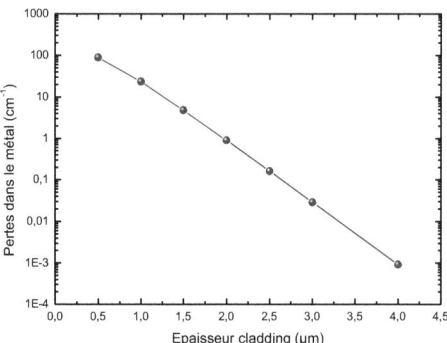

FIGURE V.1 - Simulations de pertes optiques dans le métal en fonction de l'épaisseur des claddings AlGaAsSb sur une structure ayant une zone active de 1,3 µm d'épaisseur et émettant à 3,3 µm de longueur d'onde.

Cette épaisseur est donc un bon compromis car elle est à la fois suffisamment élevée pour réduire théoriquement les pertes liées aux débordement du mode principal dans le contact métallique à 0,9 cm^{-1} (figure V.2 à droite), tout en assurant un confinement de 77 %, et suffisamment faible pour tolérer un léger désaccord des claddings sur le substrat, éviter des croissances trop longues et ne pas dégrader excessivement la résistance thermique du ruban laser.

Les résultats de ces simulations ont été comparées (figure V.2 à gauche) avec ceux de la structure D385 épitaxiée sur InAs (cf. II.4), choisie pour ses bonnes performances en régime pulsé à 3,3 µm, cette structure pouvant émettre un rayonnement laser jusqu'à une température de 400 K tout en ayant une faible densité de courant de seuil à température ambiante autour de 3 kA.cm^{-2}. Cette structure a une zone active identique. Elle a deux spacers superréseaux InAs/AlSb (20 Å/20 Å) de 800 nm considérés sans pertes à 3,37 d'indice, soit la moyenne des indices de réfraction de l'InAs et de l'AlSb. Elle est constituée de 1,8 µm de claddings d'InAs dopés silicium 5 x 10^{19} cm^{-3} de part et d'autre de la zone active, avec un indice de réfraction, calculé à partir du modèle de Drude [Devenson, 2008], de 2,901+0,018i.

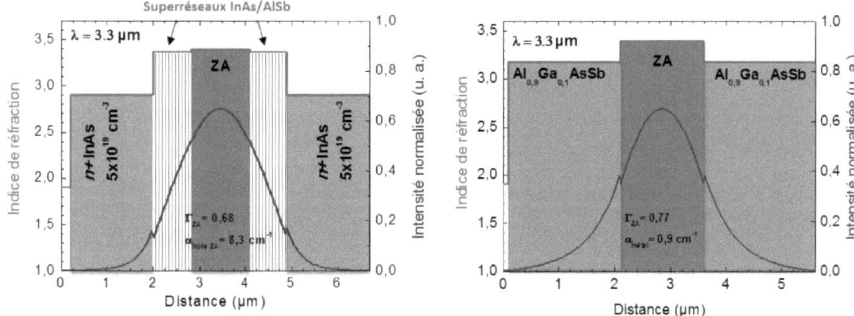

FIGURE V.2 - Simulations de recouvrement du mode optique TM00 avec la zone active et des pertes optiques hors de la zone active de la structure D385 épitaxiée sur InAs (à gauche) et d'une structure épitaxiée sur GaSb ayant des claddings AlGaAsSb de 2 µm d'épaisseur (à droite). L'intensité normalisée du mode optique dans l'axe de croissance est en tracé en bleu et les indices de réfractions en rouge.

La confrontation de ces simulations nous confirme l'attractivité sur le plan optique de l'épitaxie sur substrat GaSb, avec un confinement dans la zone active théoriquement augmenté de 13 % de 0,68 à 0,77 et des pertes optiques hors zone active meilleures que celles de la structure de référence sur InAs pour des pertes de l'AlGaAsSb inférieures à 27 cm^{-1} d'après l'équation (IV.18). Nous espérons avoir au moins deux fois moins de pertes que cette valeur.

V.1.2) Propriétés thermiques

Nous avons également réalisé des simulations thermiques, toujours avec COMSOL, sur les mêmes structures que dans la partie V.1.1 Nous avons simulé, pour ces deux structures, plusieurs largeurs de rubans avec une technologie standard à isolation résine polymérisée et une soudure d'indium tête-en-bas sur une embase de cuivre. Nous supposons dans ces simulations que la soudure est idéale avec un ruban parfaitement thermalisé sur l'embase.

Les matériaux autres que l'AlGaAsSb ont été modélisés avec les valeurs de conductivité thermique reportées dans le tableau de la figure IV.5.

L'AlGaAsSb a été modélisé avec une conductivité thermique de 7,1 W.K^{-1}.m^{-1}, valeur extraite des mesures réalisées dans la référence [Borca-Tasciuc, 2002]. La faible valeur de cette conductivité thermique est à attribuer à la nature d'alliage quaternaire du cladding et à la distribution non périodique des atomes le composant. Cette non-périodicité a pour conséquence une anharmonicité des vibrations des modes de phonons du cristal des claddings qui va grandement limiter leur diffusion thermique [Abeles, 1963].

Cependant, le faible indice de l'AlGaAsSb permet d'avoir un bon confinement dans la zone active pour une fine épaisseur de claddings de 2 µm, ce qui va restreindre l'impact négatif que ce matériau pourrait avoir sur la résistance thermique du composant. De plus, les structures que nous comptons réaliser n'ont pas de spacers superréseaux, bien plus néfastes thermiquement que l'AlGaAsSb, avec leur conductivité thermique estimée à 2 W.K^{-1}.m^{-1}. Nous pouvons donc tout de même augmenter la conductance thermique de ces lasers grâce à une meilleure dissipation thermique verticale.

Les résultats des simulations, présentées sur la figure V.3, nous prédisent une amélioration des propriétés thermiques de nos composants sur substrat GaSb. Nous pouvons en effet espérer augmenter la conductance thermique normalisée à la surface de 18 % de 290 à 341 W.K^{-1}.cm^{-2} pour un laser d'une largeur de 8 µm.

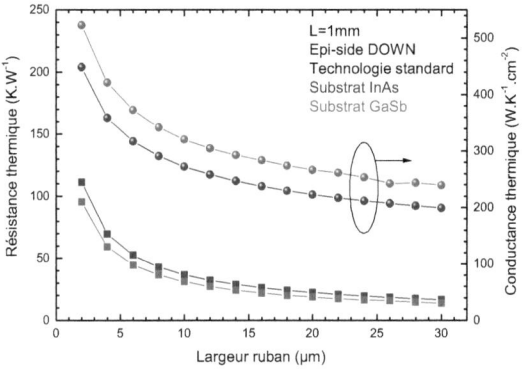

FIGURE V.3 - Simulations de la résistance thermique (carrés) et de la conductance thermique normalisée à la surface des rubans (ronds) de structures sur InAs (en bleu) et sur GaSb (en rouge).

Cette amélioration des performances thermiques théoriques n'est pas considérable mais elle est cumulée à l'augmentation du confinement dans la zone active et la probable diminution des pertes optiques. L'ensemble de ces améliorations devrait se traduire par un réel bénéfice pour le fonctionnement en régime continu.

V.1.3) Propriétés électriques

En plus de cette possibilité d'utiliser des claddings d'AlGaAsSb de bonne facture, le GaSb a un paramètre de maille bien centré entre celui de l'InAs et l'AlSb. Pour toutes ces raisons, le substrat GaSb était la solution naturelle adoptée dès le début de l'aventure QCLs InAs/AlSb de notre laboratoire. Cette solution n'a néanmoins pas que des avantages.

Le premier obstacle de taille est la discontinuité de bandes de conduction entre l'AlGaAsSb et l'InAs illustrée sur la figure V.4, qui rend le raccord de ces bandes de conduction et donc la circulation du courant à travers la structure extrêmement complexe. Ce problème peut cependant être contourné comme nous le verrons plus loin.

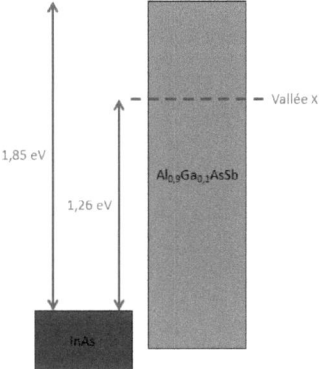

FIGURE V.4 - *Schéma des gaps électroniques de l'InAs (en violet) et de l'Al$_{0,9}$Ga$_{0,1}$AsSb (en bleu) et valeurs de leur discontinuité de bande de conduction et de l'écart en énergie de la vallée Γ de l'InAs et de la vallée X de l'Al$_{0,9}$Ga$_{0,1}$AsSb.*

Il faut noter également que l'AlGaAsSb est un matériau à gap indirect avec une vallée X plus basse en énergie que la vallée Γ, ce qui peut sûrement pénaliser la conduction du courant aux interfaces conjointes avec l'InAs.

L'obstacle majeur réside dans la haute résistivité de l'AlGaAsSb de type N à faible température. Cette résistivité est liée aux niveaux des donneurs profonds qui impliquent que les porteurs vont avoir besoin d'un certain apport en énergie thermique pour se dépiéger de ces niveaux et pouvoir circuler aisément dans la structure.

L'ampleur de ce phénomène est révélée dans la figure V.5 où nous pouvons voir la différence de caractéristique densité de courant – tension d'une couche d'AlGaAsSb dopée N pour des température de 80 K et 300 K. Les mesures réalisées à 80 K avant et après illumination de la structure avec une lampe de lumière blanche nous montre que les électrons peuvent, en absorbant de l'énergie radiative, se dépiéger et intégrer la bande de conduction pendant quelques minutes, assurant ainsi une meilleure conduction du courant.

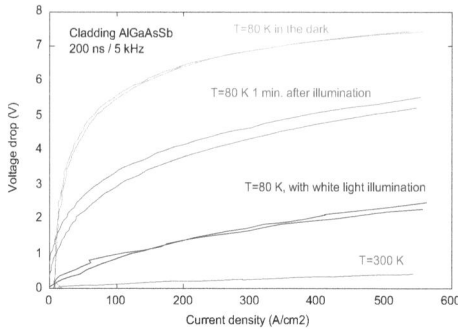

FIGURE V.5 - Caractéristique V(J) d'un cladding d'AlGaAsSb alimenté en régime pulsé à 80 K dans l'obscurité (en vert), éclairé avec une lumière blanche (en bleu), une minute après son éclairage (en rose) et à 300K (en rouge).

La résistivité de l'AlGaAsSb de type N rend très difficile la caractérisation des structures laser à faible température. Tester les composants à faible température dans la phase de mise au point étant indispensable pour comprendre les causes des échecs des premiers essais de conception, notre équipe de l'époque a dû abandonner cette solution au profit de la croissance de QCLs sur InAs.

La maturité acquise sur InAs pendant toutes les années qui suivirent nous permet aujourd'hui de retenter l'expérience GaSb. Nous sommes maintenant en mesure de réaliser des designs de zone active de qualité sur InAs. Nous pouvons les utiliser dans un premier temps sur GaSb, quitte à les adapter par la suite, en tenant compte de la différence de contraintes des structures épitaxiées sur GaSb et InAs, qui modifie légèrement la masse effective.

Bien que les lasers à cascade quantique soient des composants unipolaires, il n'est pas indispensable que leurs guides d'onde ne soient composés que de matériaux dopés N. Pour pallier aux difficultés de raccord de bande de conduction des claddings d'AlGaAsSb avec l'InAs de la zone active, un dopage de type P peut être utile. Trois configurations ont été testées. Ces configurations sont appelées « PnP », « PnN » et « NnN », avec « P » et « N » qui désignent les claddings dopés positivement et négativement et la zone active de type « n ». Un essai de configuration NnN a été réalisé mais s'est avérée non concluant du fait de la difficulté de raccorder la bande de conduction de ce type cladding avec celui de la zone active, le champ électrique amplifiant d'avantage la discontinuité de ces bandes de conduction en entrée. Les PnP et PnN ont en revanche rencontré plus de succès.

Les configurations PnP et PnN et leurs caractérisations sont décrites dans les partie V.3) et V.4).

V.2) Réalisation technologique

La structure d'un QCL sur substrat GaSb, schématisée sur la figure V.6, est composée de deux claddings d'AlGaAsSb et d'une zone active faite d'InAs et d'AlSb. Elle est aussi constituée d'une fine couche d'InAs pour assurer un bon contact électrique avec l'or et de quatre zones de raccordement composées d'AlGaAsSb et de GaSb (décrites dans la partie suivante) qui sont chargées d'assurer la conduction électrique entre les différentes couches de la structure.

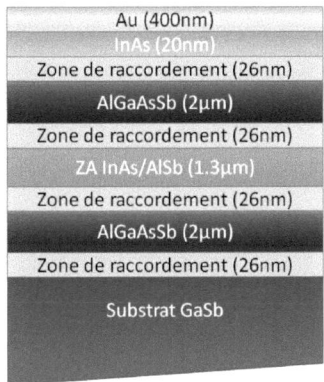

FIGURE V.6 - Schéma des différentes couches composant une structure sur GaSb.

Pour garantir une bonne gravure des rubans, une solution d'attaque chimique disposant de vitesses de gravure à peu près semblables pour ces différents matériaux, InAs, AlSb, GaSb et AlGaAsSb, est nécessaire.

De nombreux essais ont été réalisés pour trouver une solution d'attaque chimique ou de gravure sèche ayant cette propriété. Des solutions à base d'acides chlorhydrique, citrique, chromique, fluorhydrique et phosphorique, avec des concentrations variées et combinant plusieurs de ces acides, ont été testées, pour beaucoup sans succès.

Deux procédés de gravure, présentant tout de même quelques inconvénients, ont émergé de cette série de tests.

V.2.1) La gravure au $C_6H_8O_7$: H_2O_2 : H_2O : HF

Pour le premier, il faut au préalable concevoir des masques de rubans métalliques. Pour ce faire nous réalisons un masquage de résine négative pour définir des rubans sur notre échantillon, puis nous y déposons 20 nm de chrome et 200 nm d'or par évaporation et nous enlevons la résine avec un lift off à l'acétone.

Nous introduisons ensuite notre échantillon dans une solution chimique composée de $C_6H_8O_7$: H_2O_2 : H_2O : HF (1 : 1 : 1 : 1/1400) à 20°C pendant environ une heure et demi.

Cette technique de gravure, qui nous permet d'obtenir le profil de gravure présenté sur la figure V.7, a l'avantage d'être parfaitement reproductible si la température de la solution est stable. Son inconvénient réside dans la sous gravure du cladding supérieur, bien visible sur cette figure, qui est liée à la vitesse de gravure de l'InAs du contact électrique supérieure à celle du cladding.

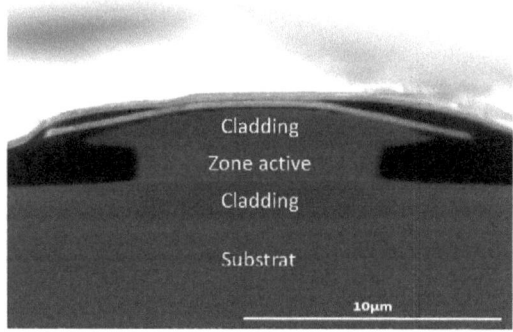

FIGURE V.7 - Photographie MEB de la facette d'un ruban laser d'une structure sur GaSb gravé avec du $C_6H_8O_7 : H_2O_2 : H_2O : HF$.

Cette sous gravure augmente sans doute les pertes du mode optique fondamental qui va déborder un peu plus dans le métal sur les bords du ruban où le cladding est moins épais. La sous gravure de l'InAs du contact va également rajouter une résistance électrique en série à notre composant. Le comportement thermique du laser risque aussi d'être affecté.

Cette sous gravure devrait néanmoins pouvoir être éliminée si, après la traversée de l'InAs par la solution (ou par une autre solution comme le $C_6H_8O_7 : H_2O_2$ (1 : 1)), nous encapsulions notre InAs dans de la résine pour le préserver d'une gravure latérale.

V.2.2) La gravure par trois attaques chimiques

Le deuxième procédé de gravure consiste à réaliser trois attaques chimiques sur l'échantillon.

Lors de la première attaque, nous plongeons notre échantillon, prémuni d'un masque de rubans standard en résine, dans une solution de $C_6H_8O_7 : H_2O_2 : H_2O : HF$ (1 : 1 : 1 : 1/1000) pendant une durée d'une minute. Cette attaque va graver le contact électrique d'InAs. Lors de la seconde attaque, nous immergeons notre échantillon dans une solution de $CrO_3 : HF : H_2O$ (1 : 1 : 23) pendant une durée de 35 secondes. Le cladding est alors traversé. Pour la dernière attaque nous réutilisons le $C_6H_8O_7 : H_2O_2 : H_2O : HF$ (1 : 1 : 1 : 1/1000) de la première étape et nous y introduisons cette fois notre échantillon pendant 35 minutes pour graver la zone active.

Nous obtenons après ces trois attaques le profil de gravure de la figure V.8. Cette technique de gravure préserve les qualités optiques, thermiques et électriques du guide d'onde mais n'est pas toujours reproductible. La gravure par le $CrO_3 : HF : H_2O$ est tellement rapide qu'elle est difficilement contrôlable, il est par conséquent très compliqué d'obtenir les largeurs souhaitées de rubans, qui peuvent aussi très facilement être réduits à néant.

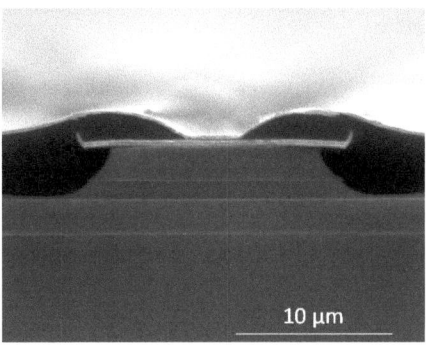

FIGURE V.8 - Photographie MEB de la facette d'un ruban laser d'une structure sur GaSb gravé avec les trois attaques chimiques.

Les étapes technologiques suivant la gravure, isolation et report de contact, sont rigoureusement les mêmes que dans la technologie standard, exception faite du lissage chimique après l'amincissement du substrat, réalisé avec une solution de $CrO_3 : HF : H_2O$ (1 : 1 : 3) pendant une durée d'une minute.

V.2.3) Comparaison expérimentale des deux techniques de gravure

Nous pouvons observer sur la figure V.9, les caractéristiques tension – densité de courant et puissance optique – densité de courant à 80 K de deux QCLs, de même longueurs, réalisés à partir de la structure D663 (que nous détaillerons dans la partie V.3.4 avec les deux techniques de gravure. Nous constatons sur cette figure que les composants ont des caractéristiques comparables mais qui présentent quand même des différences reproductibles sur beaucoup de caractérisations. Nous en déduisons que les composants gravés avec la solution $C_6H_8O_7 : H_2O_2 : H_2O : HF$ sont plus résistifs que ceux gravés avec les trois attaques chimiques, avec une résistance dynamique en série supplémentaire mesurée aux environs de 2 $m\Omega.cm^2$. Leurs densités de courant de seuil sont également plus importantes, laissant supposer des pertes optiques un peu plus élevées.

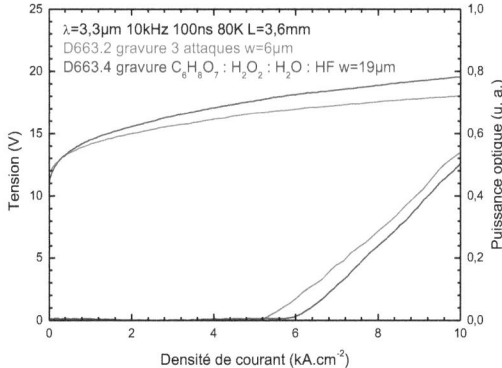

FIGURE V.9 - Caractéristiques V(J) et P(J) en régime pulsé de QCLs sur GaSb gravés avec du $C_6H_8O_7 : H_2O_2 : H_2O : HF$ (en bleu) et avec la technique des 3 attaques (en rouge).

V.3) La configuration PnP

V.3.1) Structure de l'échantillon D655

Le concept de la configuration PnP est schématisé sur la figure V.10. Les claddings sont dopés P avec 2×10^{17} cm^{-3} de silicium.

Nous utilisons une zone de raccordement composée de GaSb et d'AlGaAsSb entre les claddings et la zone active. Ces zones assurent le passage du courant par injection tunnel interbande (en entrée) et recombinaison interbande (en sortie).

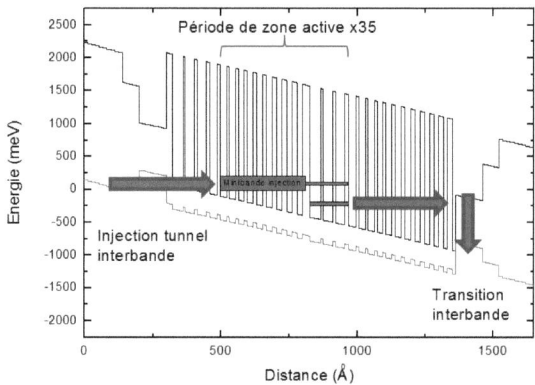

FIGURE V.10 - Schéma des concepts d'entrée et de sortie de zone active de la configuration PnP.

Le principe de l'injection tunnel interbande basée sur la génération de paires électrons – trous [Vurgaftman, 2011] est illustré sur la figure V.11. Sous l'effet du champ électrique, le haut de la bande de valence du GaSb passe au-dessus du premier niveau électronique de la bande de conduction. Le niveau de Fermi est à une énergie intermédiaire entre les deux. Les électrons liés de la bande de valence du GaSb vont se déplacer dans les états disponibles d'électrons de la bande de conduction de l'InAs, générant alors des trous dans la bande de valence du GaSb. Les électrons et les trous générés en quantité identique vont alors circuler respectivement dans la direction de la zone active et du cladding d'entrée sous l'effet du champ.

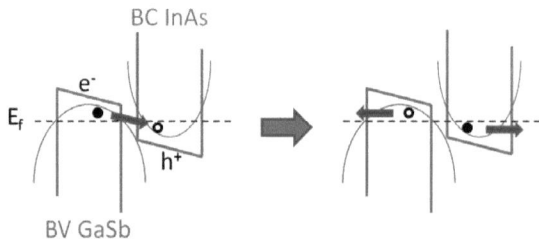

FIGURE V.11 - Schéma du principe de l'injection tunnel interbande.

La zone de raccordement d'entrée est composée d'une couche de GaSb dopée silicium 3×10^{18} cm^{-3} d'une épaisseur de 100 Å. Elle est précédée de deux couches de 60 Å d'Al$_{0,9}$Ga$_{0,1}$AsSb fortement dopés silicium 1×10^{18} cm^{-3} et de 100 Å d'Al$_{0,45}$Ga$_{0,55}$AsSb dopée silicium $1,5\times10^{18}$ cm^{-3} qui vont relever graduellement le niveau de la bande de valence (figure V.12) et faciliter l'effet tunnel des trous vers le cladding (la probabilité de franchir une barrière de potentiel étant exponentielle décroissante avec l'épaisseur de la barrière, il est préférable d'avoir deux faibles épaisseurs à franchir plutôt qu'une seule forte épaisseur). L'entrée du superréseau d'InAs/AlSb est composée d'une succession de trois puits d'InAs de 42, 36 et 34 Å et de trois barrières d'AlSb de 6, 9 et 12 Å qui vont assurer le confinement graduel nécessaire pour élever l'énergie des niveaux électroniques jusqu'à la minibande d'injection de la première période de zone active.

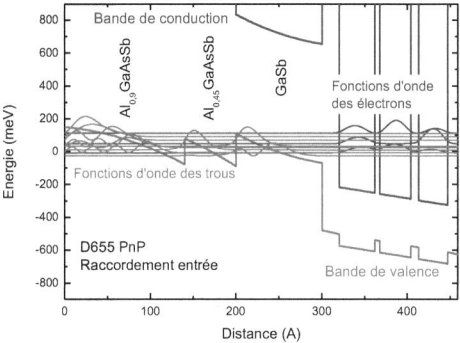

FIGURE V.12 - Schéma du raccordement entre le cladding et l'entrée de la zone active de la configuration PnP.

La zone de raccordement en sortie est composée d'exactement les trois mêmes couches que la zone de raccordement en entrée mais dans l'ordre inverse (figure V.13). En sortie de la dernière période de zone active, des puits d'InAs de plus en plus étroits et des barrières d'AlSb de plus en plus épaisses vont élever l'énergie des niveaux électroniques jusqu'à la bande de conduction de la couche de GaSb où va se produire une recombinaison interbande.

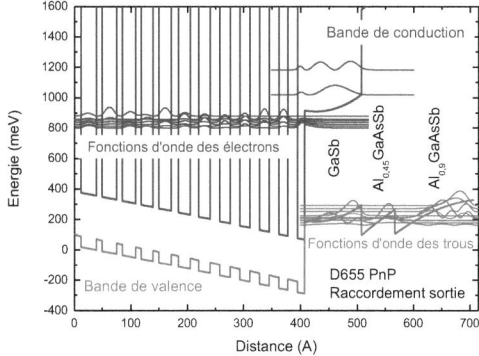

FIGURE V.13 - Schéma du raccordement entre le cladding et la sortie de la zone active de la configuration PnP.

La solution, en apparence plus simple pour rallier la bande de valence du GaSb, consistant à abaisser l'énergie de la minibande électronique jusqu'au niveau de la bande de valence du GaSb (en augmentant l'épaisseur des puits d'InAs et réduisant celle des barrières d'AlSb) n'est pas valable en raison du risque de résonnance entre l'énergie d'émission de notre QCL et des transitions intersousbandes dans les puits larges d'InAs. Les performances seraient alors dégradées par une grande absorption intersousbande dans cette zone.

La zone de raccordement entre le substrat et le cladding du bas est elle aussi composée de trois couches de 100 Å d'$Al_{0,9}Ga_{0,1}AsSb$ dopée silicium 1×10^{18} cm^{-3}, 60 Å d'$Al_{0,45}Ga_{0,55}AsSb$ dopée silicium $1,5\times10^{18}$ cm^{-3} et 100 Å de GaSb dopée silicium 3×10^{18} cm^{-3}.

La zone de raccordement entre le contact électrique d'InAs et le cladding du haut (du côté de la sortie de la zone active) est également composée des trois mêmes couches mais dans l'ordre inverse, et conduit le courant par effet tunnel interbande.

La zone active, constituée de 35 périodes, est identique à celle de la structure D385 réalisée sur substrat InAs. Cette zone active est décrite dans la partie II.4.

Une feuille de croissance donnant le détail de chaque couche de la structure est présentée en annexe.

V.3.2) Réalisation expérimentale

Nous sommes parvenus grâce à cette configuration PnP à réaliser un laser. Nous voyons sur la figure V.14 à gauche qu'il affiche une densité de courant de seuil d'environ 5 kA.cm^{-2} à 80 K, il a été gravé avec 3 attaques chimiques, ses dimensions sont de 3,6 mm de longueur pour 13 µm de largeur.

Il s'agit du premier laser à cascade quantique sur substrat GaSb.

Sa longueur d'onde d'émission (figure V.14 à droite) de 2,8 µm au lieu de la valeur nominale de 3,1 µm à 80K nous a amené à nous interroger sur la nature de la transition laser, à savoir s'il s'agissait bien d'une transition intersousbande ou d'une transition interbande qui pourrait avoir lieu, par exemple, dans la couche de GaSb en sortie.

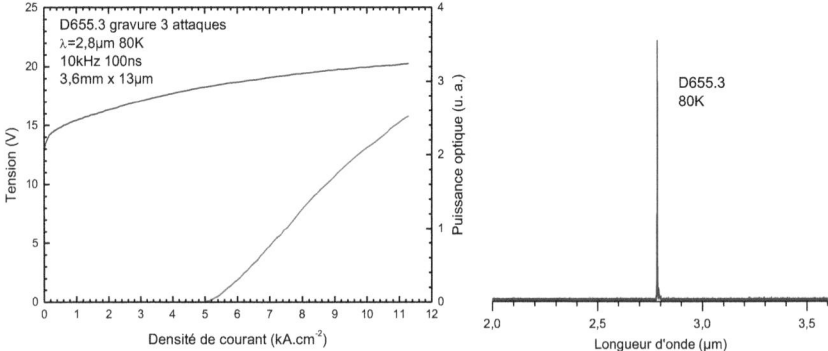

FIGURE V.14 - Caractéristiques V(J) et P(J) en régime pulsé à 80K de la structure D655 (à gauche) et son spectre d'émission laser (à droite).

Pour en avoir le cœur net, nous avons réalisé des mesures d'émission spontanée (figure V.15), et observé deux pics d'émission, un correspondant à l'émission laser à 2,86 µm et un autre aux alentours de 1,7 µm à température ambiante.

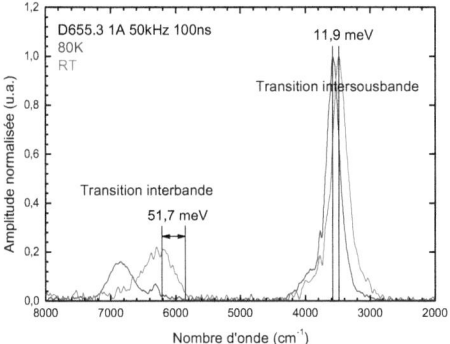

FIGURE V.15 - Spectres d'émission spontanée de la structure D655 à 80 K (en bleu) et à température ambiante (en rouge).

La différence d'énergie entre l'émission spontanée à température ambiante et à 80 K, nous a confirmé que la transition laser était bien intersousbande. La variation mesurée de 11,9 meV est bien plus proche des 10,8 meV calculés dans nos simulations que des 80 meV du gap du GaSb massif [Muñoz, 2000].

Le deuxième pic d'émission semble pour sa part correspondre, tant par sa longueur d'onde que par sa variation avec la température, 1,7 µm et 51,7 meV mesurés pour 1,8 µm et 50 meV calculés, à une transition interbande entre les trous du GaSb de sortie et les électrons localisés à l'interface du réseau InAs/AlSb et de ce GaSb (figure V.16).

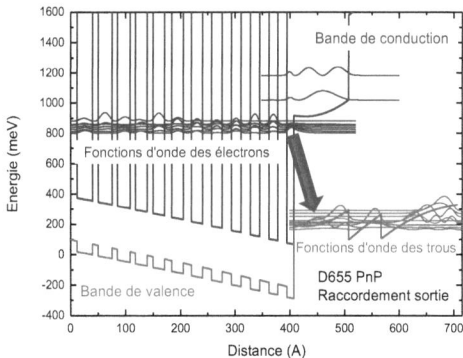

FIGURE V.16 - Schéma de la recombinaison radiative dans la zone de raccordement de sortie.

Des mesures spectrales sous polariseur (figure V.17) nous ont démontré une polarisation transverse magnétique, propre aux transitions radiatives intersousbandes des QCLs, du pic d'émission associé à l'émission laser. Les transitions radiatives interbandes hors des puits contraints ne sont quant à elles pas polarisées, tout comme le deuxième pic d'émission.

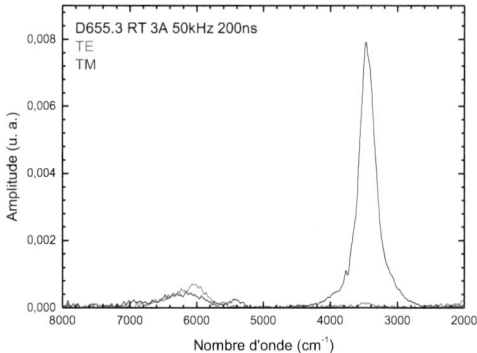

FIGURE V.17 - Spectres d'émission spontanée de la structure D655 sous polariseur.

Nous pouvons donc affirmer que le laser réalisé est bien un QCL, la non-conformité de sa longueur d'onde avec celle attendue peut être attribuée à une dérive de la cellule d'indium du bâti d'épitaxie au moment de la croissance, qui ne nous a pas permis d'avoir les épaisseurs souhaitées pour nos puits d'InAs.

Cette hypothèse est confirmée par les mesures de diffraction par rayon X présentées sur la figure V.18. Nous y constatons une période de zone active de 478 Å d'épaisseur au lieu des 508 Å nominaux. Si nous attribuons ce décalage uniquement au flux d'indium et le répercutons dans nos modélisations de zone active en diminuant les épaisseurs des puits d'InAs de 9 % (en considérant que les 30 Å manquants sont uniquement d'InAs), nous simulons une émission à 2,87 µm, proche de la valeur expérimentale.

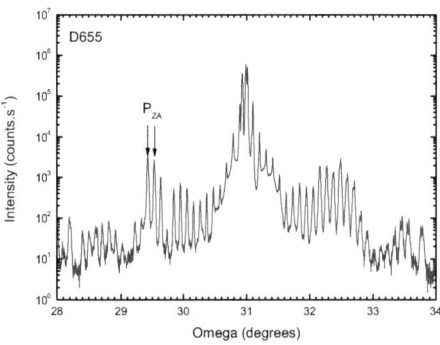

FIGURE V.18 - Diagramme de diffraction X de la structure D655.

Sur la figure V.19, nous comparons les caractéristiques électriques à température ambiante de cette structure avec notre structure de référence sur InAs, la D385. La tension de coude est différente, du fait de la différence de longueur d'onde des deux structures, mais la différence la plus frappante concerne la densité de courant beaucoup plus importante dans la structure sur substrat GaSb. Le dopant ne s'incorpore peut-être pas de la même façon dans les puits d'InAs de la zone active, étant donné les conditions de croissance différentes sur les deux substrats, mais cela n'explique pas une telle dissemblance, avec un Starck rollover autour de 8 kA.cm^{-2} pour la D385 et un autre au-delà des 30 kA.cm^{-2}, peut-être même inexistante, pour la D655.

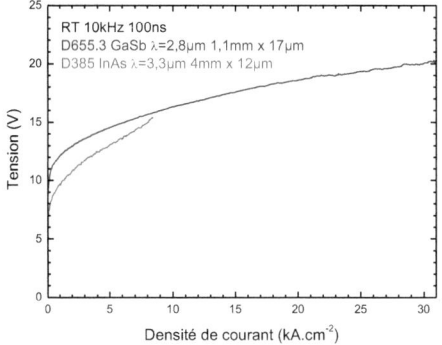

FIGURE V.19 - Caractéristiques V(J) en régime pulsé à température ambiante de QCLs de la structure D655 (en bleu) et de la D385 (en rouge).

Cet effet peut s'expliquer si l'on considère d'importants courants de trous parasites (figure V.20). Les trous transiteraient de la bande de valence du GaSb de la zone de raccordement de sortie de la zone active à la bande de valence de la zone active par effet tunnel. L'effet tunnel serait alors facilité par le fort dopage positif du GaSb qui va générer, à l'interface du GaSb et de l'InAs, des zones d'accumulation et de déplétion qui vont réduire la hauteur de la barrière de potentiel à franchir. Les trous seraient ensuite accélérés sous l'effet du fort champ auxquels ils sont soumis dans la zone active, créant peut-être un effet d'avalanche.

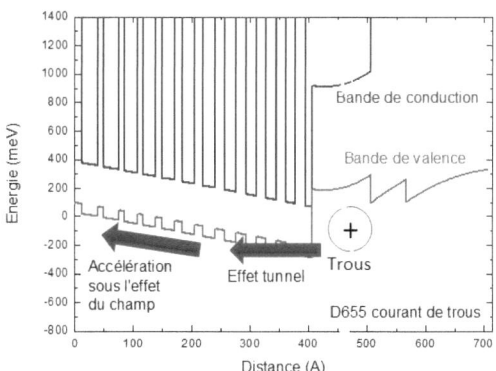

FIGURE V.20 - Schéma illustrant l'origine des courants de trous parasites dans les structures PnP.

Ce courant de trous est sans nul doute à l'origine de la grande différence de densité de courant de seuil entre la D385 et la D655, d'environ un facteur 5 à 80K (figure V.21).

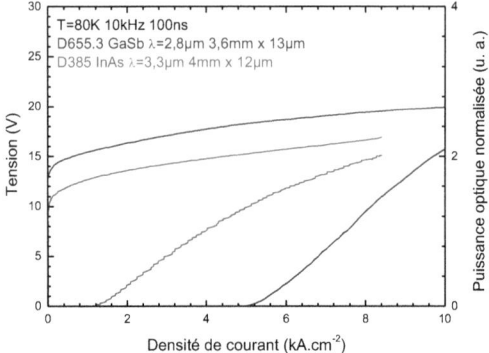

FIGURE V.21 - Caractéristiques de tension et de puissance optique normalisée en fonction de la densité de courant en régime pulsé à 80K de QCLs de la structure D655 (en bleu) et de la D385 (en rouge).

Notre banc de caractérisations ne nous permettant pas de réaliser des mesures au-delà d'un courant de 7 A, nous ne pouvons pas non plus évaluer le potentiel de cette structure en termes de température maximum de fonctionnement en régime pulsé, car nous ne pouvons pousser à forte densité de courant que les rubans lasers de petites dimensions qui vont alors être limités par leurs pertes aux miroirs et leurs pertes latérales.

La plus haute température de fonctionnement pour cette structure a été de 188 K pour un laser de 2,1 mm de longueur pour une largeur de 17 µm.

V.3.3) Effet du dopage des claddings

Afin d'étudier l'impact du dopage des claddings sur les performances, nous avons réalisé la structure D659, une structure similaire à la D655, émettant aussi à 2,8 µm, mais avec des claddings quatre fois moins dopés, dopés silicium à 5×10^{16} cm^{-3} au lieu de 2×10^{17} cm^{-3}.

Nous pouvons voir sur la figure V.22 à gauche que cela nous a permis de réduire d'un facteur deux, à 2,5 kA.cm^{-2}, la densité de courant de seuil à 80 K, pour un laser de 21,3 µm de largeur et 3,6 mm de longueur gravé également avec la technique des 3 attaques chimiques. Ce laser a émis jusqu'à 222 K avec une densité de courant de seuil de 7 kA.cm^{-2}.

Nous pouvons également voir sur les V(J) de cette figure un courant moins élevé sur la structure D659. Ceci est dû aux courants de trous moins importants dans cette structure, à cause de la moindre quantité de charges disponibles pour transiter dans la bande de valence de la zone active, et à la résistivité des claddings accrue sur cette structure.

Des comparaisons de mesures de pertes de ces deux structures ont été réalisées avec la méthode des longueurs (figure V.22 à droite). Bien qu'elles soient d'autant moins fiables que les courants de trous différent en intensité sur ces structures, elles semblent néanmoins nous indiquer une baisse des pertes optiques du guide d'onde sur la D659, validant l'intérêt des claddings AlGaAsSb de type P faiblement dopés pour les QCLs sur substrat GaSb.

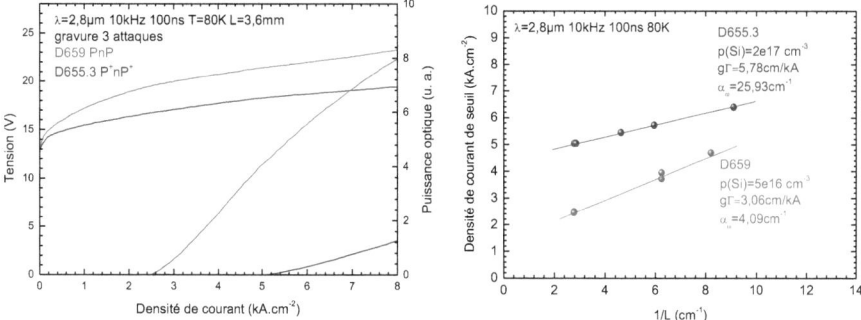

FIGURE V.22 - Caractéristiques V(J) et P(J) en régime pulsé à 80K (à gauche) de QCLs de la structure D655 (en bleu) et de la D659 ayant des claddings moins dopés (en rouge) et leurs densités de courant de seuil en régime pulsé à 80K en fonction de l'inverse de la longueur (à droite).

Une comparaison du T_0 de ce QCL avec les meilleures structures réalisées sur InAs en dessous de 2,9 et 2,8 µm de longueur d'onde, respectivement la D392 et la D391, est effectuée sur la figure V.23. Ces structures sur InAs ont été réalisées avec des designs de zone active inspirés de la D385. Elles ont une longueur d'onde d'émission à 80K de 2,88 µm pour la D392 et 2,75 µm pour la D391. La D659 quant à elle émet à 2,77 µm.

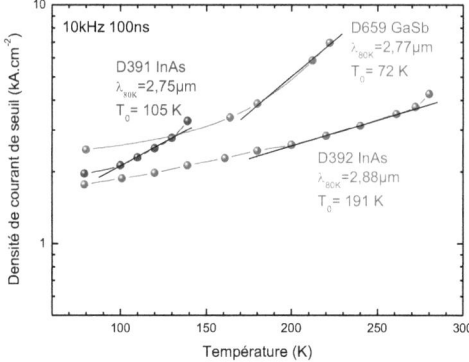

FIGURE V.23 - Densités de courant de seuil en fonction de la température en régime pulsé des structures D391 (en bleu), D659 (en rouge) et D392 (en vert).

La structure D392, qui a émis jusqu'à 280 K, a une élévation de densité de seuil en température bien plus faible que la D659 avec un T_0 de 191 K contre 72 K. Ceci n'est pas étonnant étant donné l'absence de courants de trous dans la D392. De plus la diminution de longueur d'onde dans cette gamme d'énergie peut avoir un impact très négatif sur les performances d'un QCL [Cathabard, 2009a].

En revanche, si nous la comparons à la structure D391 qui a une longueur d'onde semblable, les choses sont différentes. La D391 a en un T_0 à peine meilleur, de 105 K, et n'émet que jusqu'à 139 K alors que nous avons atteint 222 K avec la structure D659 et aurions certainement pu aller plus loin avec un dispositif de mesures adapté.

Il y a donc une très importante différence de température maximum de fonctionnement et ce malgré les importants courants de trous dans notre structure sur GaSb et un gain certainement un peu moins élevé du fait du design non adapté aux interfaces InSb entre l'AlSb et l'InAs. Nous en déduisons que le guide d'onde du D659 à base de GaSb est au moins aussi performant que celui du D391 en InAs et que, comme nous l'espérions, l'AlGaAsSb peut apporter un vrai bénéfice aux QCLs à base d'antimoniures à courtes longueurs d'onde.

Ce laser D659 est en fait le laser à cascade quantique ayant la plus haute température de fonctionnement en dessous de 2,8 µm de longueur d'onde d'émission.

V.3.4) La structure D663 à 3,3 µm

Grâce à un ajustement des flux d'indium sur le bâti d'épitaxie, dans le but d'augmenter l'épaisseur des puits d'InAs de 22 % par rapport à la structure D655, nous avons réussi à réaliser le premier QCL sur substrat GaSb à 3,3 µm de longueur d'onde (figure V.24 à droite). La longueur d'onde est en adéquation avec celle obtenue dans nos simulations intégrant les dimensions de puits et de barrières visées. Les mesures de diffraction par rayons X nous ont révélé une épaisseur de période de zone active de 544 Å, conforme à nos attentes. Exception faite des puits d'InAs de la zone active, cette structure est identique en tous points à la D659.

Le laser de la figure V.24 à gauche affiche une densité de courant de seuil de 5,2 kA.cm^{-2} à 80 K avec des dimensions de 3,6 mm de longueur et 6 µm de largeur. Ce laser a émis jusqu'à une température de 172 K à une densité de courant de seuil de 16 kA.cm^{-2}.

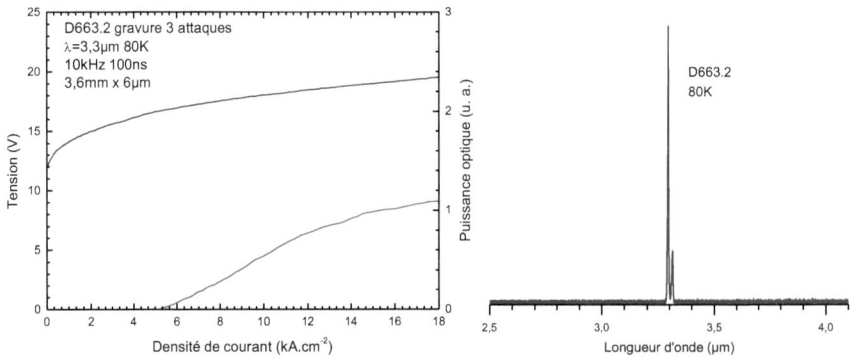

FIGURE V.24 - Caractéristiques V(J) et P(J) en régime pulsé à 80K de la structure D663 (à gauche) et son spectre d'émission laser (à droite).

V.4) La configuration PnN

Afin de supprimer les courants de trous parasites, nous avons réalisé une structure dans la configuration PnN, avec un cladding dopé N en sortie.

V.4.1) Structure de l'échantillon D665

Le concept de la configuration PnN est illustré sur la figure V.25. Le cladding de sortie est en $Al_{0,9}Ga_{0,1}AsSb$ dopé N avec $5x10^{17}$ cm^{-3} de tellure. Il est précédé de 100 Å d'$Al_{0,9}Ga_{0,1}AsSb$ dopé N avec $1x10^{18}$ cm^{-3} de tellure.

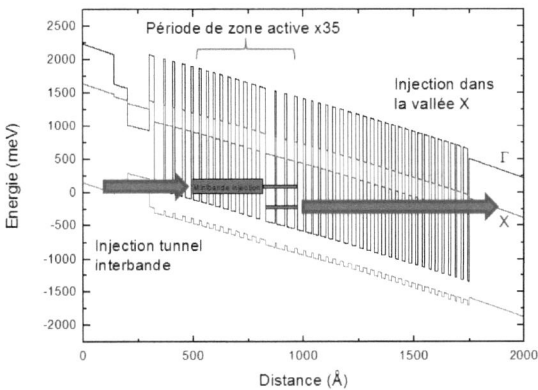

FIGURE V.25 - *Schéma des concepts d'entrée et de sortie de zone active de la configuration PnN.*

La sortie de la zone active (figure V.26) est constituée sur environ 800 Å d'une succession de puits d'InAs de plus en plus étroits et de barrières d'AlSb de plus en plus épaisses afin de constituer une minibande électronique alignée, sous forte tension, avec la vallée X de l'$Al_{0,9}Ga_{0,1}AsSb$ haute en énergie (figure V.4).

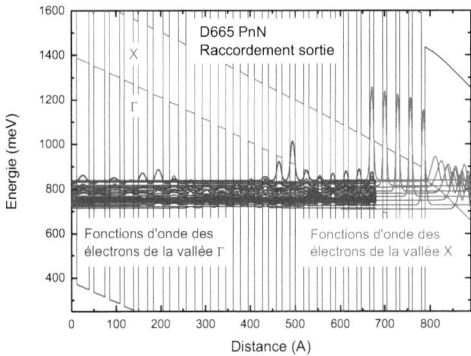

FIGURE V.26 - *Schéma du raccordement entre le cladding et la sortie de la zone active de la configuration PnN.*

La feuille de croissance donnant le détail de chaque couche de la structure à partir de la sortie de la zone active est présentée en annexe. Le reste de la structure, hormis le cladding inférieur, est identique à celui de la structure D655 détaillée dans la partie V.3.1.

V.4.2) Réalisation expérimentale

Cette nouvelle configuration nous a permis de réaliser le premier laser à cascade quantique sur substrat GaSb émettant à température ambiante. Ce laser, de 3,6 mm de long pour 14,5 µm de large, émet à 300 K à une longueur d'onde de 3,3 µm (figure V.27), avec une densité de courant de seuil de 10 kA.cm^{-2} à température ambiante et 2,2 kA.cm^{-2} à 80 K. Il a été gravé avec la solution $C_6H_8O_7 : H_2O_2 : H_2O : HF$. Il a émis jusqu'à la température de 318 K avec une densité de courant de seuil de 13 kA.cm^{-2}, soit un courant de seuil de 6,8 A. Il aurait sûrement pu fonctionner à plus forte température si notre banc de caractérisations nous permettait de réaliser des mesures au-delà de 7 A de courant.

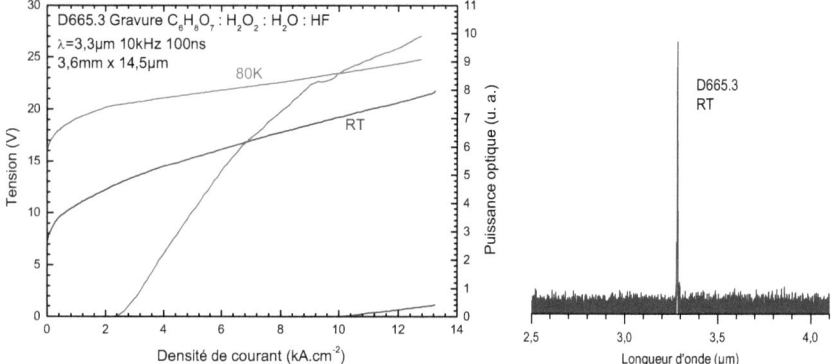

FIGURE V.27 - Caractéristiques V(J) et P(J) en régime pulsé à 80K (en rouge) et à température ambiante (en bleu) de la structure D665 (à gauche) et son spectre d'émission laser à température ambiante (à droite).

Les fortes densités de courant auxquelles peuvent être poussés ces QCLs nous laissent cependant penser que les courants de trous n'ont pas été totalement éradiqués. Des lasers de faibles dimensions ont été testés jusqu'à 40 kA.cm^{-2} sans pour autant atteindre de saturation.

Nous supposons que ceci peut être dû à la présence de niveaux profonds dans le cladding de type N (figure V.28). Des trous seraient dépiégés par activation des niveaux profonds.

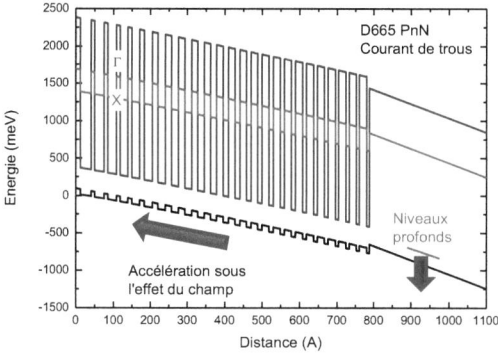

FIGURE V.28 - Schéma illustrant l'origine des courants de trous parasites dans les structures PnN.

Nous pouvons observer sur la figure V.29 une différence de caractéristiques densité de courant – tension et de seuil laser entre la première émission laser 80 K et les suivantes. Ceci est dû à la profondeur des niveaux de donneurs dans le cladding de type N. Les électrons de ces donneurs absorbent de l'énergie radiative, générée lors de la première émission laser, qui va leur permettre d'intégrer la bande de conduction. Leur durée de vie importante dans cet état va assurer une meilleure conduction du courant dans le cladding lors des mesures suivantes. Ce phénomène a une ampleur décroissante avec l'augmentation de la température, il est observable sur tous les lasers de la structure jusqu'à une température de 180 K, l'agitation thermique fournissant alors suffisamment d'énergie aux électrons pour les dépiéger totalement des niveaux profonds.

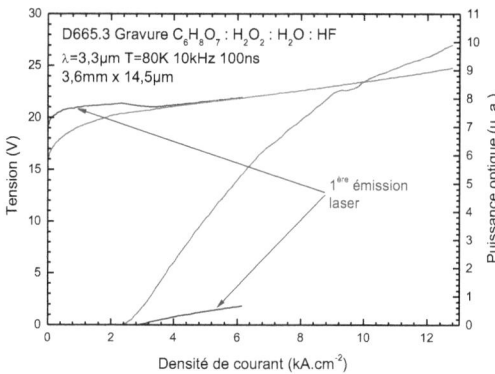

FIGURE V.29 - Caractéristiques V(J) et P(J) en régime pulsé à 80K de la structure D665 lors de la première émission laser (en bleu) et des suivantes (en rouge).

La différence de pente de la puissance lumineuse visible sur la figure n'est quant à elle pas significative, le laser n'étant pas bien aligné sur le banc de caractérisations lors de la première mesure.

La comparaison des courbes de tension en fonction de la densité de courant de ce laser avec le même laser en configuration PnP (figure V.30) nous révèle que la structure PnN a moins de courant de trous et/ou que le cladding de type N a sans doute une résistivité supérieure à celui du cladding de type P.

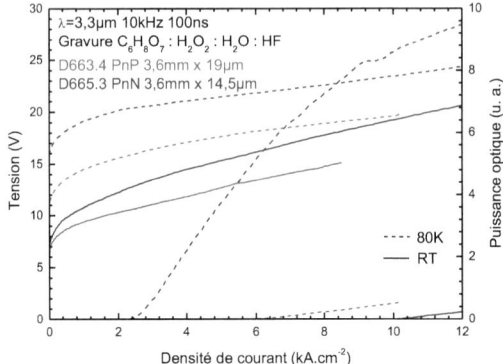

FIGURE V.30 - Caractéristiques V(J) et P(J) en régime pulsé à 80K (tirets) et à température ambiante (traits pleins) de la structure D663 (en rouge) et de la D665 (en bleu).

La tension de coude est bien plus importante à 80 K pour le PnN à cause du fort champ électrique nécessaire pour aligner la minibande électronique de la sortie de la zone active avec la vallée X très haute en énergie du cladding. Ce phénomène est moins prononcé à température ambiante en raison de l'énergie thermique acquise par les électrons.

La différence de densité de courant de seuil est attribuable aux courants de trous moins intenses, l'AlGaAsSb de type N étant supposé avoir plus de pertes que celui de type P au-dessus de 3 µm de longueur d'onde [Belahsene, 2011].

La comparaison des courbes de tension et de puissance par la densité de courant de cette structure avec la D385 sur InAs souligne l'impact négatif des courants de trous sur les performances, avec une densité de courant de seuil d'environ un facteur 3 supérieure pour la D665 (figure V.31). Cette différence se creuse considérablement lors de la montée en température, l'écart n'est que d'un facteur 2 à 80 K, allant toujours dans le sens de l'interprétation par les courants de trous parasites, si l'on considère des zones actives à peu près équivalentes et des pertes optiques presque invariantes avec la température. Les remarques faites sur les différences de tension lors de la comparaison avec la structure de type PnP sont également valables ici.

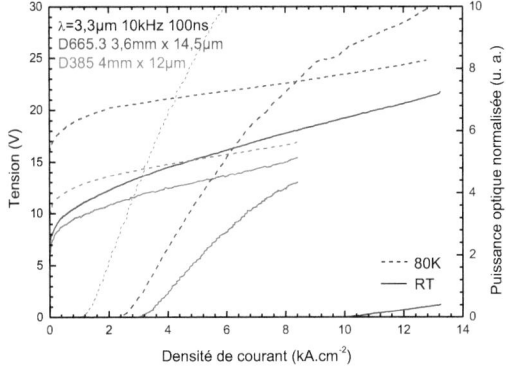

FIGURE V.31 - Caractéristiques de tension et de puissance normalisée en fonction de la densité de courant en régime pulsé à 80K (tirets) et à température ambiante (traits pleins) de la structure D385 (en rouge) et de la D665 (en bleu).

Sur la figure V.32 nous avons tracé l'évolution de la densité de courant de seuil avec la température des structures PnP, la D663, et PnN, la D665, à 3,3 µm et de la structure de référence sur InAs, la D385. Nous observons un bien meilleur comportement en température de la structure D385, avec un T_0 de 175 K. Une telle valeur correspond au comportement intrinsèque de la zone active, comme nous l'avons vu en détails dans le chapitres II. La structure D663 est la plus sensible à l'élévation de température car ses courants de trous y sont les plus importants. Un effet thermoïonique va, dans la zone de raccordement de sortie de la zone active, aider les trous de la bande de valence du GaSb à franchir la barrière les séparant de la bande de valence de la zone active. Pour ce qui est de la structure D665, la dégradation importante de son T_0 lors de la montée en température, de 146 K à 86 K entre la température de 200 K et la température ambiante, va encore dans le sens de l'explication des courants parasites par l'activation thermique des trous des niveaux profonds d'accepteurs dans le cladding de type N, mais avec une énergie d'activation plus importante que pour la structure PnP.

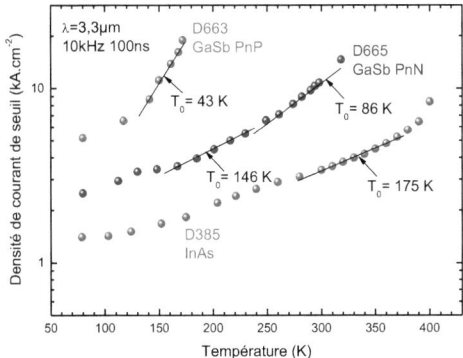

FIGURE V.32 - Densités de courant de seuil en fonction de la température en régime pulsé des structures D665 (en bleu), D663(en rouge) et D385 (en vert).

V.5) Conclusion

Nous avons réussi à réaliser les premiers lasers à cascade quantique sur substrat GaSb et avons atteint un fonctionnement à température ambiante à une longueur d'onde de 3,3 µm.

Nous sommes également parvenus à concevoir le laser à cascade quantique ayant le record de la plus haute température de fonctionnement sous la longueur d'onde de 2,8 µm.

Il a été démontré que les claddings d'AlGaAsSb permettent d'avoir de meilleurs guides d'onde à courte longueur d'onde que ceux que nous utilisions jusqu'à présent.

Pour améliorer de façon considérable leurs performances, il faudrait trouver une solution pour éradiquer les courants de trous présents dans ces structures. Un moyen d'y parvenir serait peut-être de réaliser de l'ingénierie de bande sur le superréseau InAs/AlSb de la sortie de zone active qui formerait une barrière de potentiel pour les trous entre la zone active et l'AlGaAsSb.

Ainsi Il serait alors possible de réduire les densités de courant de seuil, ce qui permettrait peut-être un fonctionnement en régime continu à courte longueur d'onde.

Conclusion générale

De nombreuses avancées dans le développement et la compréhension des lasers à cascade quantique à base d'antimoniures ont été présentées dans ce manuscrit.

Nous avons développé un modèle de simulations réalistes du transport électronique. Ce modèle nous a permis d'analyser les atouts et les failles des lasers existants. Grâce à lui nous avons pu mieux concevoir l'impact des différents paramètres du design de zone active sur le gain d'un QCL. Ceci nous permettra de faire des optimisations fines du design et nous a déjà ouvert la voie à des avancées majeures, tant dans la compréhension de nos composants qu'en termes de performances, avec, par exemple, la réalisation d'un QCL de 20 µm de longueur d'onde fonctionnant à température ambiante. Ce qui n'est rien de moins que le record mondial du laser à semiconducteur émettant à la plus grande longueur d'onde à température ambiante.

De plus, nous avons mis au point une technologie DFB reproductible et à haut rendement grâce à laquelle nous savons désormais communément réaliser des QCLs ayant une émission monomode. Le développement des simulations optiques et les études expérimentales approfondies que nous avons réalisées nous ont permis d'évaluer le juste équilibre entre le facteur de couplage et les pertes optiques. Ces analyses se sont concrétisées par la conception de lasers DFB conciliant une émission monomode de bonne qualité et un courant de seuil peu dégradé en régime pulsé.

Notre travail sur le fonctionnement en régime continu nous a amené à établir des expressions analytiques du courant de seuil et du rollover thermique en régime continu. Celles-ci posent les bases d'une nouvelle approche de l'optimisation des performances en courant continu, en permettant, à partir des caractéristiques en régime pulsé, de prédire l'influence de chaque paramètre sur le seuil et la puissance. Ces connaissances nouvellement acquises, enrichies d'une étude expérimentale poussée, nous ont permis d'appréhender les limitations technologiques qui s'opposent au fonctionnement en régime continu à température ambiante sur nos composants. Nous savons désormais quels sont nos manques et les chemins à emprunter pour les combler.

Pour y parvenir à courte longueur d'onde, nous avons abordé la piste des QCLs épitaxiés sur substrat GaSb. Celle-ci s'est avérée très prometteuse. Nous sommes parvenus à réaliser les premiers QCLs sur ce substrat et avons atteint un fonctionnement à température ambiante à 3,3 µm de longueur d'onde et le record du fonctionnement à plus haute température sous les 2,8 µm. Des courants de trous importants masquent néanmoins le potentiel réel de ces structures.

L'aboutissement de ce travail serait la réalisation de lasers à cascade quantique monomodes fonctionnant en régime continu, notamment à 3,3 µm et 10,5 µm de longueur d'onde d'émission. Dans cette perspective, il faudra continuer l'optimisation du design de zone active à ces longueurs d'onde, en s'appuyant sur le modèle de transport électronique développé. Il sera ensuite nécessaire de travailler l'ingénierie de bande de la sortie de la zone active des QCLs sur GaSb, pour en éradiquer les courants de trous parasites. Enfin, il faudra adapter aux caractéristiques des lasers réalisés le nombre de périodes de zone active et la mise en œuvre d'une technologie qui intégrerait les améliorations étudiées, comme par exemple une sous-gravure à l'acide citrique des flancs de la zone active lors d'une technologie à isolation Si_3N_4 et or épais.

Bibliographie

[Abeles, 1963] B. Abeles. "**Lattice Thermal Conductivity of Disordered Semiconductor Alloys at High Temperatures**", Phys. Rev. 131, 1906–1911 (1963).

[Aellen, 2006] Thierry Aellen, Mattias Beck, Nicolas Hoyler, Marcella Giovannini, Jérôme Faist and Emilio Gini. "**Doping in quantum cascade lasers. I. midinfrared devices**", J. Appl. Phys. 100, 043101 (2006).

[Ando, 1982] Tsuneya Ando, Alan B. Fowler and Frank Stern. "**Electronic properties of two-dimensional systems**", Rev. Mod. Phys. 54, 437–672 (1982).

[Ashcroft, 1976] N.W. Ashcroft and N.D. Mermin. "**Physique des solides**", EDP Sciences (1976).

[Bai, 2010a] Y. Bai, N. Bandyopadhyay, S. Tsao, E. Selcuk, S. Slivken, and M. Razeghi, "**Highly temperature insensitive quantum cascade lasers**", Applied Physics Letters, 97, 251104 (2010).

[Bai, 2010b] Y. Bai, S. Slivken, S. R. Darvish, S. Kuboya, and M. Razeghi, "**Quantum cascade lasers that emit more light than heat**", Nature Photonics, 4, 99 (2010).

[Baranov, 1988] A. N. Baranov, A. Guseinov, A. A. Rogachev, A. N. Titkov, V. N. Cheban, Yu. P. Yakovlev. "**Electron localization at a heterojunction of the second kind**", Jetp Letters, vol. 48, pp. 378-381 (1988).

[Baranov, 1997] A. N. Baranov, N. Bertru, Y. Cuminal, G. Boissier, C. Alibert and A. Joullié. "**Observation of room-temperature laser emission from type III InAs/GaSb multiple quantum well structures**", Appl. Phys. Lett. 71, 735 (1997).

[Barate, 2005] D. Barate, R. Teissier, Y. Wang, A.N. Baranov. "**Short wavelength intersubband emission from InAs/AlSb quantum cascade structures**", Applied Physics Letters, 87, 051103 (2005).

[Bastard, 1981] G. Bastard, "**Superlattice band structure in the envelope-function approximation**", Physical Review B, 24, 10, p. 5693, (1981).

[Bastard, 1988] G. Bastard. "**Wave mechanics applied to semiconductor heterostructures**", Les Editions de la Physique, Les Ulis, France (1988).

[Belahsene, 2011] S. Belahsene. "**Lasers moyens infrarouges innovants pour analyse des hydrocarbures**", Thèse de doctorat, Electronique, Optronique et systèmes, Université Montpellier II (2011).

[Benveniste, 2008] E. Benveniste, A. Vasanelli, A. Delteil, J. Devenson, R. Teissier, A. Baranov, A. M. Andrews, G. Strasser, I. Sagnes and C. Sirtori. "**Influence of the material parameters on quantum cascade devices**", Applied Physics Letters, 93, 131108 (2008).

[Bewley, 2012] William W. Bewley, Chadwick L. Canedy, Chul Soo Kim, Mijin Kim, Charles D. Merritt, Joshua Abell, Igor Vurgaftman, and Jerry R. Meyer. "**High-power room-temperature continuous-wave mid-infrared interband cascade lasers**", Optics Express, Vol. 20, Issue 19, pp. 20894-20901 (2012).

[Borca-Tasciuc, 2002] T. Borca-Tasciuc, D. W. Song, J. R. Meyer, I. Vurgaftman, M.-J. Yang, B. Z. Nosho, L. J. Whitman, H. Lee, R. U. Martinelli, G. W. Turner, M. J. Manfra and G. Chen. "**Thermal conductivity of $AlAs_{0.07}Sb_{0.93}$ and $Al_{0.9}Ga_{0.1}As_{0.07}Sb_{0.93}$ alloys and $(AlAs)_1/(AlSb)_{11}$ digital-alloy superlattices**", J. Appl. Phys. 92, 4994 (2002).

[Bousseksou, 2008] A. Bousseksou, V. Moreau, R. Colombelli, C. Sirtori, G. Patriarche, O. Mauguin, L. Largeau, G. Beaudoin and I. Sagnes. "**Surface plasmon distributed-feedback mid-infrared quantum cascade lasers based on hybrid plasmon/air-guided modes**", Electronics Letters, 44, 13 (2008).

[Callebaut, 2005] H. Callebaut and Q. Hu. "**Importance of coherence for electron transport in terahertz quantum cascade lasers**", J. Appl. Phys. 98, 104505 (2005).

[Carosella, 2012] F. Carosella, C. Ndebeka-Bandou, R. Ferreira, E. Dupont, K. Unterrainer, G. Strasser, A. Wacker, and G. Bastard. "**Free-carrier absorption in quantum cascade structures**", Phys. Rev. B 85, 085310 (2012).

[Carras, 2008] M. Carras, M. Garcia, X. Mercadet, O. Parillaud, A. De Rossi ans S. Bansropun. **"Top grating index-coupled distributed feedback quantum cascade lasers"**, Applied Physics Letters, 93, 011109 (2008).

[Cathabard, 2009a] O. Cathabard, R. Tessier, J. Devenson and A.N. Baranov. **"Quantum cascade laser emitting near 2.6 µm"**, ITQW 09 (2009).

[Cathabard, 2009b] O. Cathabard. **"Lasers à cascade quantique InAs/AlSb : Amélioration des performances et fonctionnement monofréquence"**, Thèse de doctorat, Electronique, Optronique et systèmes, Université Montpellier II (2009).

[Cohen, 1973] C. Cohen-Tannoudji, B. Diu, and F. Laloë. **"Mécanique quantique I et II"**, Hermann, Paris, 1973.

[De Naurois, 2012] G. M. De Naurois, B. Simozrag, G. Maisons, V. Trinite, F. Alexandre, and M. Carras. **"High thermal performance of µ-stripes quantum cascade laser"**, Applied Physics Letters, 041113 (2012).

[Devenson, 2007a] J. Devenson, O. Cathabard, R. Teissier, A.N. Baranov. **"InAs/AlSb quantum cascade lasers emitting at 2.75-2.97 µm"**, Applied Physics Letters, 91, 251102 (2007).

[Devenson, 2007b] J. Devenson, R. Teissier, O. Cathabard and A. N. Baranov. **"InAs/AlSb quantum cascade lasers emitting below 3 µm"**, Appl. Phys. Lett. 90, 111118 (2007).

[Devenson, 2008] J. Devenson, R. Teissier, O. Cathabard, and A. N. Baranov. **"InAs-based quantum cascade lasers"**, Proc. of SPIE Vol. 6909, 69090U, (2008).

[Dion, 1996] M. Dion, Z. R. Wasilewski, F. Chatenoud, V. K. Gupta, A. R. Pratt, R. L. Williams, C. E. Norman, M. R. Fahy, A. Marinopoulou. **"Extremely low threshold current density InGaAs/GaAs/AlGaAs strained SQW laser grown by MBE with As-2"**, Canadian Journal of Physics, vol. 74, pp. S1-S4 (1996).

[Dirac, 1927] P.A.M. Dirac, **"The Quantum Theory of Emission and Absorption of Radiation"**, Proc. Roy. Soc. (London) A, 114, 767, pp. 243–265, (1927).

[Faist, 1994] J. Faist, F. Capasso, D.L. Sivco, C. Sirtori, A.L. Hutchinson and A.Y. Cho. "**Quantum Cascade laser**", Science, 264, 553 (1994).

[Faist, 1997] J. Faist, C. Gmachl, F. Capasso, C. Sirtori, D.L. Sivco, J.N. Baillargeon and A.Y. Cho. "**Distributed feedback quantum cascade lasers**", Applied Physics Letters, 70, 253512 (1997).

[Faist, 2002] J. Faist, D. Hofstetter, M. Beck, T. Aellen, M. Rochat, and S. Blaser. "**Bound-to-continuum and two-phonon resonance, quantum-cascade lasers for high duty cycle, high-temperature operation**", IEEE Journal of Quantum Electronics, 38, 6 (2002).

[Faist, 2007] J. Faist. "**Wall plug efficiency of quantum cascade lasers: critical parameters and fundamental limits**", Applied Physics Letters, 90, 2670 (2007).

[Fathololoumi, 2012] S. Fathololoumi," E. Dupont, C.W.I. Chan, Z.R.Wasilewski, S.R. Laframboise, D. Ban, A. Matyas, C. Jirauschek, Q. Hu and H. C. Liu. "**Terahertz quantum cascade lasers operating up to 200 K with optimized oscillator strength and improved injection tunneling**", Optics Express, 20, 4, pp.3866-3876 (2012).

[Garbuzov, 1996] D. Z. Garbuzov, R. U. Martinelli, H. Lee, P. K. York, R. J. Menna, J. C. Connolly and S. Y. Narayan. "**Ultralow-loss broadened-waveguide high-power 2 µm AlGaAsSb/InGaAsSb/GaSb separate-confinement quantum-well lasers**", Appl. Phys. Lett. 69, 2006 (1996).

[Gmachl, 2001] C. Gmachl, F. Capasso, D.L. Sivco and A.Y. Cho. "**Recent progress in quantum cascade lasers and applications**", Report on Progress in Physics, 64, 1533 (2001).

[Harrison, 2002] P. Harrison, D. Indjin, and R. W. Kelsall, "**Electron temperature and mechanisms of hot carrier generation in quantum cascade lasers**", Journal of Applied Physics, vol. 92, pp.6921-6923, (2002).

[Hitran] www.cfa.harvard.edu/hitran/.

[Howard, 2008] Scott S. Howard, Daniel P. Howard, Kale Franz, Anthony Hoffman,Deborah L. Sivco and Claire F. Gmachl. "**The effect of injector barrier thickness and doping level on current transport and optical transition width in a λ=8.0 µm quantum cascade structure**", Appl. Phys. Lett. 93, 191107 (2008).

[Howe, 2008] D.J. Howe and B. Morgan. "**Thermal characterization of thin films for MEMS applications**", stinet.dtic.mil (2008).

[Ioffe] Ioffe Physico-Technical Institute. http://www.ioffe.ru/SVA/NSM/.

[Jensen, 1985] B. Jensen. "**Handbook of optical constants**", Edward D. Palik, Academic, Orlando (1985).

[Kazarinov, 1971] R.F. Kazarinov and R.A. Suris. "**Possibility of amplification of electromagnetic waves in a semiconductor with a superlattice**", Sov. Phys. Semicond., 5, 707 (1971).

[Khurgin, 2009] J. B. Khurgin, Y. Dikmelik, P. Q. Liu, A. J. Hoffman, M. D. Escarra, K. J. Franz and C. F. Gmachl. "**Role of interface roughness in the transport and lasing characteristics of quantum-cascade lasers**", Appl. Phys. Lett. 94, 091101, (2009).

[Kogelnik, 1971] H. Kogelnik and C.V. Shank. "**Stimulated emission in a periodic structure**", Applied Physics Letters, 18, 152 (1971).

[Kogelnik, 1972] H. Kogelnik and C.V. Shank. "**Coupled wave theory of distributed feedback lasers**", Journal of Applied Physics, 43, 2327 (1972).

[Lambert, 1758] H. Lambert. "*Observationes variae in mathesin puram*", Acta Helveticae physico-mathematico-anatomico-botanico-medica, vol. III, pp. 128-168 (1758).

[Lollia, 2014] G. Lollia. Thèse de doctorat en cours de rédaction, Electronique, Optronique et systèmes, Université Montpellier II (2014).

[Maisons, 2009] G. Maisons, M. Carras, M. Garcia, O. Parillaud, B. Simozrag, X. Marcadet and A. De Rossi. "**Substrate emitting index coupled quantum cascade lasers using biperiodic top metal grating**", Appl. Phys. Lett. 94, 151104 (2009).

[Martin, 1995] R. D. Martin, S. Forouhar, S. Keo, R. J. Lang, R. G. Hunsperger, R. C. Tiberio and P. F. Chapman. "**CW performance of an InGaAs-GaAs-AlGaAs laterally-coupled distributed feedback (LC-DFB) ridge laser diode**", Photonics Technology Letters, 7, 3, pp. 244 – 246 (1995).

[Maulini, 2006] Richard Maulini, Arun Mohan, Marcella Giovannini, Jérôme Faist and Emilio Gini. "**External cavity quantum-cascade laser tunable from using a gain element with a heterogeneous cascade**", Appl. Phys. Lett. 88, 201113 (2006).

[McCulloch, 2003] M. T. McCulloch, E. L. Normand, N.Langford, G. Duxbury, and D. A. Newnham. "**Highly sensitive detection of trace gases using the time-resolved frequency downchirp from pulsed quantum-cascade lasers**", JOSA B 20, 8, pp. 1761-1768 (2003).

[Meyer, 1995] J. R. Meyer, C. A. Hoffman, F. J. Bartoli and L. R. Ram-Mohan. "**Type-II quantum-well lasers for the mid-wavelength infrared**", Applied Physics Letters 67, 757 (1995).

[Muñoz, 2000] M. Muñoz, F. H. Pollak, M. B. Zakia, N. B. Patel and J. L. Herrera-Pérez. "**Temperature dependence of the energy and broadening parameter of the fundamental band gap of GaSb and $Ga_{1-x}In_xAs_ySb_{1-y}$/GaSb (0.07<~x<~0.22, 0.05<~y<~0.19) quaternary alloys using infrared photoreflectance**", Phys. Rev. B 62, 16600–16604 (2000).

[Naehle, 2011] L. Naehle, S. Belahsene, M.von. Edlinger, M. Fischer, G. Boissier, P. Grech, G. Narcy, A.Vicet, Y. Rouillard, J. Koeth and L. Worschech. "**Continuous-wave operation of type-I quantum well DFB laser diodes emitting in 3.4 µm wavelength range around room temperature**", Electronics Letters 47(1), pp. 46-47 (2011).

[Nakamura, 2000] M. Nakamura, H. Yasumoto, M. Morshed, K. Fukuda, S. Tamura, S. Arai. "**Sub-milliampere operation of 1.55 µm wavelength high index-coupled buried heterostructure distributed feedback lasers**", Electronics Letters 36(14), pp. 1213 – 1214, (2000).

[Nguyen, 2012] H. Nguyen. "**Transitor quantique InAs à électrons chauds : Fabrication submicronique et étude à haute fréquence**", Thèse de doctorat, Electronique, Optronique et systèmes, Université Montpellier II (2012).

[Page, 2002] H. Page, P. Collot, A. de Rossi, V. Ortiz, C. Sirtori. "**High reflectivity metallic mirror coatings for mid-infrared (λ = 9 µm) unipolar semiconductor lasers**", Semiconductor Science and Technology, 17, 1312 (2002).

[Palik, 1997] E. D. Palik. "**Handbook of Optical Constants of Solids**". Academic Press (1997).

[Patel, 1967] C. K. N. Patel, P. K. Tien and J. H. McFee. "**CW HIGH-POWER CO2–N2–He LASER**", Applied Physics Letters, 7, 290 (1965).

[Phelan, 1963] R. J. Phelan, A. R. Calawa, R. H. Rediker, R. J. Keyes and B. Lax. "**INFRARED InSb LASER DIODE IN HIGH MAGNETIC FIELDS**", Appl. Phys. Lett. 3, 143 (1963).

[Rosencher, 2002] E. Rosencher and B. Vinter. "**Optoélectronique**", Edition Dumond, 124 (2002).

[Rouillard, 2012] Y. Rouillard, S. Belahsene, M. Jahjah, P. Grech, A. Vicet, L. Naehle, M. V. Edlinger, M. Fischer, J. Koeth. "**Quantum well lasers emitting between 3.0 and 3.4 μm for gas spectroscopy**", Proc. SPIE 8268, Quantum Sensing and Nanophotonic Devices IX, 82681E (2012).

[Salhi, 2004] A Salhi, Y Rouillard, A Pérona, P Grech, M Garcia and C Sirtori. "**Low-threshold GaInAsSb/AlGaAsSb quantum well laser diodes emitting near 2.3 μm**", Semicond. Sci. Technol., 19 260 (2004).

[Sirtori, 1994] C. Sirtori, F. Capasso, J. Faist and S. Scandolo. "**Nonparabolicity and a sum rule associated with bound to bound and bound-to-continum intersubband transitions in quantum wells**", Physics Reviews B, 50, 8663 (1994).

[Sirtori, 1998a] Carlo Sirtori, Claire Gmachl, Federico Capasso, Jérôme Faist, Deborah L. Sivco, Albert L. Hutchinson, and Alfred Y. Cho. "**Long-wavelength (8-11.5 μm) semiconductor lasers with waveguides based on surface plasmons**", Optics Letters,23(1366-1368), (1998).

[Sirtori, 1998b] C. Sirtori, F. Capasso, J. Faist, A.L. Hutchinson, D.L. Sivco and A.Y. Cho. "**Resonant tunnelling in quantum cascade lasers**", IEEE Journal of Quantum Electronics, 34, 1722 (1998).

[Shterengas, 2013] Leon Shterengas, Rui Liang, Gela Kipshidze, Takashi Hosoda, Sergey Suchalkin and Gregory Belenky. "**Type-I quantum well cascade diode lasers emitting near 3 μm**", Applied Physics Letters, 121108 (2013).

[Swartz, 1989] E. T. Swartz and R. O. Pohl. "**Thermal boundary resistance**", Reviews of Modern Physics, 61(3), p605 (1989).

[Terazzi, 2008] Romain Terazzi, Tobias Gresch, Andreas Wittmann and Jérôme Faist. "**Sequential resonant tunneling in quantum cascade lasers**", Phys. Rev. B 78, 155328 (2008).

[Turner, 1960] W.J. Turner and W.E. Reese. "**Infrared Absorption in n-Type Aluminum Antimonide**", Physical Review 117(4), pp. 1003-1004 (1960).

[Vicet ,2002] A. Vicet. "**Etude et réalisation d'un analyseur multi gaz à diodes lasers accordables**", Thèse de doctorat, Electronique, Optoélectronique et systèmes, Université Montpellier II (2002).

[Vurgaftman, 2011] I. Vurgaftman, W. W. Bewley, C. L. Canedy, C. S. Kim, M. Kim, C. D. Merritt, J. Abell, J. R. Lindle, and J. R. Meyer, "**Rebalancing of internally generated carriers for mid-infrared interband cascade lasers with very low power consumption**", Nature Communication 2, 585 (2011).

[Williams, 2003] Benjamin S. Williams, Sushil Kumar, Hans Callebaut, Qing Hu and John L. Reno. "**Terahertz quantum-cascade laser at using metal waveguide for mode confinement**", Appl. Phys. Lett. 83, 2124 (2003).

[Wu, 2001] R. F. Wu, K. S. Lai, H. F. Wong, W. J. Xie, Y. L. Lim, and Ernest Lau. "**Multiwatt mid-IR output from a Nd: YALO laser pumped intracavity KTA OPO**", Optics Express, Vol. 8, Issue 13, pp. 694-698 (2001).

[Xu, 2012] Gangyi Xu, Raffaele Colombelli, Suraj P. Khanna, Ali Belarouci, Xavier Letartre, Lianhe Li, Edmund H. Linfield, A. Giles Davies, Harvey E. Beere and David A. Ritchie. "**Efficient power extraction in surface-emitting semiconductor lasers using graded photonic heterostructures**", Nature Communications 3, 952 (2012).

[Yariv, 1989] A. Yariv. "**Quantum electronics**". John Wiley and Sons, New-York (1989).

[Yu, 2005] J. S. Yu, S. Slivken, S. R. Darvish, A. Evans, B. Gokden and M. Razeghi. "**High-power, room-temperature, and continuous-wave operation of distributed-feedback quantum-cascade lasers at $\lambda=4.8\mu m$**", Appl. Phys. Lett. 87, 041104 (2005).

Résumé

Les lasers à cascade quantique (QCLs) sont des sources lasers à semiconducteur compactes et capables de délivrer une forte puissance optique sur une large gamme de longueur d'onde dans l'infrarouge. Les QCLs de la filière InP sont les plus établis. Le système de matériaux InAs/AlSb est une solution alternative encore peu développée mais qui, en vertu de ses propriétés, présente des atouts incontestables pour la réalisation de lasers à cascade quantique.

Le travail de cette thèse a apporté une meilleure connaissance du système InAs/AlSb et de ses possibilités pour les QCLs, à la fois sur un plan théorique, expérimental et technologique.

Nous avons œuvré à l'amélioration des performances des lasers à cascade quantique sur ce système de matériaux, notamment en cherchant à augmenter la température maximum de fonctionnement dans les courtes longueurs d'onde et le lointain infrarouge. Un modèle de transport électronique a été développé. Ce modèle permet de reproduire de manière relativement précise les résultats expérimentaux. Il est un outil utile pour l'amélioration des designs de zone active et, en conséquence, des performances des lasers.

La finalité de ces lasers est leur utilisation pour des applications telles que la spectroscopie moléculaire par absorption. Nous avons donc travaillé à les rendre plus adaptés aux besoins de celles-ci, à savoir que leur émission soit monomode, ce que nous avons rendu possible grâce au développement d'une technologie DFB à haut rendement et très reproductible, et qu'ils puissent fonctionner en régime continu, ce qui a été accompli, autour de 9 μm de longueur d'onde d'émission, jusqu'à une température de 255 K en s'appuyant sur un modèle prédictif basé sur une approche analytique.

Afin d'atteindre le fonctionnement en régime continu en dessous de 4 μm de longueur d'onde, nous nous sommes penchés sur l'utilisation d'un substrat alternatif en GaSb, qui nous permet de réaliser des claddings conciliant un faible indice de réfaction et de faibles pertes optiques. Nous avons à cette occasion fait la démonstration du premier QCL fonctionnant sur ce substrat, et ce jusqu'à température ambiante à 3,3 μm de longueur d'onde.

Mots clés : Laser à cascade quantique, antimoniures, intersousbande, moyen infrarouge.

Quantum cascade lasers (QCLs) are unipolar semiconductor lasers employing radiative transitions between electron subbands in multiple quantum well structures. QCLs can deliver high optical powers in a large spectral range from mid-IR to THz. The best QCL performances have been achieved using III-V materials that can be grown on InP substrates. The InAs/AlSb material system represents an alternative solution for the elaboration of QCLs. While it is still much less explored compared with the InP family, some properties of these materials are very attractive for the development of QCLs.

This thesis contributed to better understanding of the InAs/AlSb system, as well as to physics and technology QCLs based on these materials.

Much attention has been paid to the performance improvement of InAs/AlSb QCLs, especially to the increasing of operation temperature of these lasers. A model of electronic transport in such devices, which is in good agreement with obtained experimental data, has been developed. This model has been used for optimization of the QCL design and, in consequence, to the improvement of the lasers performances.

The main application of infrared lasers is molecular spectroscopy requiring high spectral purity of the laser emission. To make InAs-based QCLs suitable for spectroscopic applications we have developed a technology of distributed feedback (DFB) lasers for the 3-10 μm range with single frequency emission. Continuous wave (cw) operation of InAs/AlSb QCLs has been achieved for the first time in lasers emitting near 9 μm at temperatures up to 255 K. These lasers have been optimized for cw operation using predictive modeling of heat balance in the device.

In order to improve performances of short wavelength InAs/AlSb QCLs emitting below 4 μm we proposed to replace a plasmon enhanced waveguide employing heavily doped InAs and exhibiting strong free carrier absorption by a low loss dielectric waveguide with AlGaSbAs cladding layers. These lasers grown for the first time on GaSb substrates and operated between 2.8 and 3.3 μm demonstrated performances proving the attractiveness of this approach to achieve further progress in InAs/AlSb QCLs.

Key words : Quantum cascade laser, antimonides, intersubband, mid-infrared.

Oui, je veux morebooks!

I want morebooks!

Buy your books fast and straightforward online - at one of the world's fastest growing online book stores! Environmentally sound due to Print-on-Demand technologies.

Buy your books online at
www.get-morebooks.com

Achetez vos livres en ligne, vite et bien, sur l'une des librairies en ligne les plus performantes au monde!
En protégeant nos ressources et notre environnement grâce à l'impression à la demande.

La librairie en ligne pour acheter plus vite
www.morebooks.fr

OmniScriptum Marketing DEU GmbH
Heinrich-Böcking-Str. 6-8
D - 66121 Saarbrücken   Telefax: +49 681 93 81 567-9

info@omniscriptum.de
www.omniscriptum.de

Printed by Books on Demand GmbH, Norderstedt / Germany